創業成功法則

一經營中小企業必讀的四十個錦囊

◎高餘三著

高談文化

目錄

石序

全球華人競爭力基金會董事長 石滋宜

台灣的中小企業是台灣經濟奇蹟的締造者，而經營者的創業精神則是經濟發展的真正推手從早期的民生產業，到今天高科技電子產品的出口，我們都可以看到台灣中小企業經營者前仆後繼、百折不撓的精神，本書作者高餘三先生就是一個代表人物，他原本在公營事業擔任物料管理的工作，但後來毅然自行創業，在市場開發及客戶服務累積了二十餘年的心血經驗，談到經營管理的心得，他並不亞於學校的教授。因為他本身的經歷就是台灣經濟發展的見證。

這本「創業成功法則─經營中小企業必讀的四十個錦囊」，是高餘三先生統合這幾十年經營企業的心得，以及平時參酌國內外發展出的企業經營理論所融合而成的一套企業經營重要的原則，一共有四十條，分為「創業」、「經營管理」、「開發市場建立產銷關係」、「拜訪客戶」、「創新與轉型」、「企業文化薪傳」六大章說明，作者在書中提及的管理法則及經驗對一個創業者來說，是可貴且受用的薪傳。

例如：本書第二章經營管理─打造利基中，指出企業人才培訓是當務之急、成本壓縮、企業文化團隊……等觀點，這些都是當前重要且必要的，尤其知識經濟為主流的時代來臨，人才管理是影響成敗的一大關鍵，只要人的品質到了一定的程度，產品品質、企業競爭力自然提高，有些企業出現危機，不見得產品本身出了什麼問題，而是企業中的人沒有足夠的智慧來突破經營瓶頸，或者是不當的投資炒作所造成的，所以一個領導者閱歷和遠見的培養也是一門重要課題。

創業者在從無中生有的草創時期，創造力和企圖心是整體經營支柱，不斷和自己競爭，才能夠進步、創造自身產品的獨特性，才有不容易被他人取代的優勢，這些和作者所強調的「從行中求知」是相通的，主動去發現趨勢所在遠較靜待機會的人容易成功，積極去觀察市場變化及顧客需要的企業才能創造利基，在這個資訊交換迅速的時代，閉門造車是行不通的。

高餘三先生一直是一個對企業經營有理想也有行動的人，書中雖然是以過去自身的實戰認知為主軸，但對現今的經貿發展，如兩岸互動、民營化潮流、企業轉型……等議題也提出不少看法，對讀者來說不失為一本創業寶典。

戴序

中華民國中小企業協會理事長

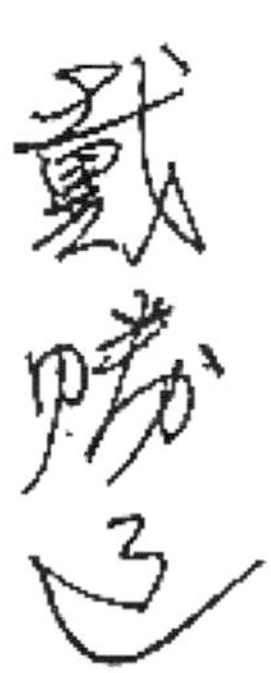

我們從認識中小企業和關心它的前途開始，要養活金雞才會下金雞蛋，本此理念勇往直前向上發展，根據中小企業白皮書統計，目前有中小企業一百〇六萬多家，約佔全部企業百分之九十八，就業人數七百三十八萬人，中小企業多年來是台灣經濟主流，創造了經濟奇蹟，從就業人口比率來看，它對社會基層有一定安定力，所以無論對經濟或社會都有鉅大的貢獻。中小企業有彈性、靈活、高效率等特性，其最可貴屬堅忍不拔的「創業精神」，給我們生存與發展帶來了生機，繼續創造經濟繁榮與希望。

現在整體的經營環境不斷在變化，經營形態隨時代變化有所調整與創新，「不進則退」，經營者應日日求新、求變。所以我在台北亞太會館一場座談會提及我們今天勞力的高工資是大陸的十倍、緬甸的一百倍、而歐美重視工人腦力，我們應把台灣的勞力提升為腦力，e化台灣企業，並強調中小企業必須從管理起，先搞好利基再延伸發展，才能找到捷徑。

高餘三先生著《創業成功法則》，他具寬廣的視界，以中小企業生存與發展為主軸來研究，在創業開始、經營管理、開發市場、拜訪客戶、認識產品、產銷橋樑、供需關係、為客服務、經濟效益、公司升級及應變轉型等重要關鍵問題上，皆有一系列詳盡的闡述，最適合中小企業需要，是目前市面上罕見精闢適用之好書，提供中小企業生存與發展的指南。

中小企業有了「創業精神」無論走到那裡都無往不利，可發展經濟、創造事業，值得我們貫徹力行並繼續深入探討。

一、「創業精神」是經驗的累積和積極的做法，本書作者高先生他有二十年以上實務經驗，在行銷方面做過國內外代理，工程技術方面也創造許多實績且兼有時空管理之經驗，曾在大公司薰陶和自行創業小公司的艱苦歷練，兼有買賣雙方融合的經驗，為客服務利人利己，對市場與客戶供需關係最清楚，故日積月累的經驗可培養出寶貴的創業精神。

二、企業文化是先進們點滴累積而成，具備有容乃大的特色。我們近五十年來努力，創造了經濟發展，形成企業文化，其根基即為「創業精神」，它是台灣老一輩企業家胼手胝足和當今工商界先知的奉獻，從中外經營中提煉累積而成，彌足珍貴，企業不分大小，百年老店或新店開張，企業皆賴此生存。目前坊間時有好書，惜多為單一專題之性質，無法滿足廣大的中小企業爭取商機、創造利潤。作者高先生《創業實踐法則》一書，將有益中小企業發展，是最有價值的經驗彙編成籍，希望藉由本書能拓寬讀者視野，開啟智慧之窗，讓新鮮空氣徐徐飄進…，經營者從閱讀中吸取該書之精華和累積的智慧結晶。

三、創造知識經濟，帶來美好生活，與經營者學習是分不開的。企業不分大小皆需不斷學習與創新，否則日久如切斷養分，企業就會老化，終將遭淘汰之命運，開發市場要有旺盛企圖心和穩健經營，以「行中求知」，像生龍活虎般在客戶面前展現。二十一世紀來臨市場快速運轉，經營中有許多新生事務日新月異，必須透過不斷的學習求知才能應變，進而產生競爭力。實際上生意中含有許多為人處世的道理，唯有持恆學習、打造利基，事業才能發展成功。

徐序

寶育實業有限公司總經理
徐明珈

餘三兄是我三十多年的好友，他做事用心，凡事以鍥而不捨的精神去追求。他曾在中油及中石化兩大企業先後服務十四年，擔任管理師工作，深知物料在企業中所佔資金比例很大，故竭力改善物料管理制度，對管理方面頗有創見，以發揮其最大經濟效益，貢獻良多。後來他自行創立長鉅公司，從初期創業的艱苦歷程中，發揮以往他在大企業中所學的心得，加上自己的努力，累積了更多經營管理和開發市場的實地經驗。能以大公司見小，後又能以小公司見大獨到的心得，這些利基都是他經營中不可缺少的寶藏。

我在一九七〇年創立寶育公司，經營中外機械貿易，在偶然的機會中，認識了當時服務於中油的高先生，後來逐漸有合作關係。彼此都著重客戶經濟效益與樹立信譽，此期中合作甚為愉快，令人不忘。他在創業初期有強烈的願望，以「旺盛企圖心和穩健經營」為理念。當市場是千變萬化，想不到高先生創業後能適應，他奔走產銷之間在客戶鞭策之下，不斷的學習，體會了許多經營中衍生的困難，生意中除正常交易必備條件之外，還含了許多做人做事的道理。也就是他在書中所強調的首要練就「苦底子」的精神。

回憶高先生經營長鉅公司初期，其最有意義的事要算對產業提供設備防蝕保固工作：他具有高瞻遠矚和開發創新的毅力，適逢台灣工商界蓬勃興起，公民營企業紛紛大規模投資建廠，鋼鐵設備所佔資金極大，因台灣氣候溼度高，鋼鐵、設備及廠房極易鏽蝕。高先生獨具慧眼，早已瞭解此問題之重要性，決定以中日合作方式引進日本DNT會社（為亞洲最大著名防鏽廠家）海邊防蝕性塗料在台生產，並首創組合專業技術人員到全省各大公民營企業，作巡迴產品技術說明會，以利設備延長使用年限，發揮經濟效益。高先生心中充滿使命感，夜以繼日分赴各地拜訪客戶，提供技術服務及工地管理經驗，在開發市場中瞭解客戶的企業文化，能知所先後，交易中有時配合得當，產生效益更高。適時做到了鋼鐵設備之保固，先後有曾文水庫各閘門、台中石岡水壩等閘門、天然氣公司地下儲槽、大口徑長途地下管線埋設保固、海邊有十三萬公秉巨型油槽若干座鋼鐵保固，以及公民營企業化工廠設備，計有土中、水中、海邊等實績。深受產業界歡迎並獲好評，對台灣工業剛起飛的當時有一定程度的貢獻。為我們中小企業樹立了良好的楷模，提供了最佳的啟示。

企業要穩定茁壯成長，就必須不斷開發創新，持之以恆。我以個人三十多年經營企業的經驗為例，創始之初從五金機械貿易開始，發現產業界需要大幅提升質量，因而開始引進各種高品質、高產能，自動化的設備。經努力推廣，已普遍為工業界採用，例如開發引進德國的散裝物資自動堆、取及拌料設備，單機處理量每小時可高達四千公噸，高度自動化操作，而且可以防止粉塵污染，解決工業界環保問題。引進多年以來，在產業提升的環節上替業界解決了甚多問題。台塑六輕發電廠一次採用十多套於大型室內煤倉，每個佔地約三千七百坪，單個儲存量二十萬公噸，全部與港口卸煤及電廠供煤連線，全線自動化作業。煤倉為半密閉室內型，不會因氣候如風、雨等影響而造成煤塵飛揚或沖刷流失，汙染鄰近廠區，民居、農田、漁塭等，使六輕最現代化的石化廠能維持高度清潔的環境，不會因燃煤而造成多方的困擾。當此發展迅速，競爭激烈的時代，仍須不斷開發，不斷提升，方能立足，也就是高先生本書所強調的市場開拓精神。

高先生後來因足疾離開他苦心經營了二十多年的公司，但是他仍然一直悉心研究中小企業發展趨勢，從未間斷，已是他生活中重要的一部份。自此他獲得更多時間和心力投入，證明他的經驗仍在發酵，腦力在激盪，擴大研究成果，在一九九四年四月高先生曾奮力完成了「面對成功」第一本書，當時是難得的以經營者現身說法的著作，故此書深受中小企業讀者歡迎。

「創業成功法則」是高先生第二本力作，據我所知他經營公司時做過國內外總代理、中間商，還有工程技術服務，深具協調現場時空作業的經驗，有機會領會經營是坐而學、起而行的道理。本書結合了高先生多年的從業經驗和研究中外名家萃取心得，從理論與實務並茂的探討中，充分展示了經營管理的精髓。就功能而言，經營管理及市場開拓等層面，為讀者提供了合乎時宜的見解和通盤整體的觀點。對中小企業強化體質及轉型發展深具啟發性，可幫助經營者穩建經營，順利邁向成功之路。

自序

經營者是把握現在　並要持續創造未來

高餘三

經營者究竟是什麼呢？如果會去做而不思未來，是終日為忙碌團團轉的人，如果只會思而不會做，是未能開發市場甚少成就的人。正確的經營者是能做而學起而行，即是「行中求知」，是創造利潤的卓越企業家。最少有四點建議：

一、經營者（領導人）要能把公司內部管理、業務、技術組成之後產生團隊力量，創造利基。

二、經營者最可貴之處要能到市場創造商機，結合市場客戶營造合作力量謀取利潤。

三、經營者必須有遠見，對環境變化、危機處理要以正確、快速、靈活方法立不敗之地。

四、經營者本身無私無我、有成敗榮辱切身使命感邁向成功之路。

在企業經營的領域中，所需的知識無所不包，而本書的內容主要即針對中小企業面臨經營環境變化時的因應之道，提出建議。談到欲開發市場，必然會想到公司經營內部須先創造生產力，對外面市場則須爭取競爭優勢；在這個時候，「利基」又在那裡？如果利基愈多，競爭力自然強大，經營者也可為自己建立信心，開拓市場當然無往不利。

對序言人深表致敬和感激

承序言人石滋宜博士在百忙中給予指教。他對台灣經濟發展有遠見，是我們工商界領航大師，不時對中小企業提示經營方法和鼓勵，以「顧客導向」的經營理念，其寶貴的啟示，促使我們加倍學習和努力。石博士說：「創造台灣經濟奇蹟的原因，是一群不怕苦，願意付出別人不願付出的條件，花時間和血汗的創業家造成的，是勇敢的中小企業，要提高競爭力就是要做到『顧客滿意』。」使經營者受益良多，又說「兩岸合作才有希望，其策略必能你贏我贏的互惠互利下進行，作為台灣第二次經濟成長機會踏板，今天台灣對大陸扮演的影響力很大，但是時間卻已有限了，要爭取時間刻不容緩，如錯過歷史的關鍵時刻，屆時是自己的無知出賣了自己。」他希望見到一個安定、進步的台灣，以及擁有世界觀的台灣，否則今後在國際社會就無立足之地。

石博士的大作《有話石說》一九九四年出版，對台灣經濟發展和中小企業的前景，有高瞻遠矚和具體正確的見解，是編者十多年來學習研究眾多創業經營的好書中，最有價值的一本好書，所以我時常溫故知新，體會最深、受益最大。

承序言人戴理事長指教，他是中小企業界領袖，要強化經營者競爭力。他推動非凡頻道播出「中小企業」節目，數年來解決了無數問題。他強調「每天從零學開始，每天都是我們創業的日子。」特別是產業要求新求變，企業要保持一定的活力和創造力，重視管理和利基，勞資雙方應建立共存共榮的生命體。

據經濟日報九〇年五月一日報導，戴先生經營台灣最大之三勝製帽公司（世界第二大公司），過去一年業績有八十三%的成長率，是台灣企業模範生，也是創業者的典範。戴先生指出，雖屬傳統產業，只要用心也能創佳績，主要是重視員工生活強化了凝聚力。他表示台灣社會發展從貧窮走向富裕，有錢的人不應獨自享受，企業家應有責任創造更多的就業機會。

承序言人徐總經理指教。他是台中鄉下子弟來台北學生意，是一位經過生意苦底子歷練的人，獲得寶貴的薪傳，在商場上有「根正苗壯」的功力。他經營的寶育公司創業意志非常堅強，是我眾多基層朋友中能積極負責之代表性人物。他深知「顧客滿意」道理，我在創業初期與　明武兄攜手打拼，績效甚宏合作愉快，因此在生意中得到了他的歷練和薰陶，十分可貴。

他在開發市場中常為客戶提高經濟效益表現，得到客戶（業主）的信賴和支持，獲得了「點石成金」的機會，始有今天提供台灣重工業設備服務，正是他卓越表現，所以我肯定　明武兄他是一位永遠充滿商機的人。

創業精神的來源　企業文化的傳承

企業文化是老一輩企業家已奠定的基礎，他們曾在苦難時代裡成長，具有憂患的意識和無私無我的創業精神，並已養成生活簡樸、勤勞誠信的美德，從艱苦歷程中累積了寶貴的經驗。因此這些薪傳值得我們以誠懇的態度虛心學習，萃取先進們的創業精髓，以及學者專家對經營管理的真知灼見，這其中含有具體的經營管理方法和做人做事的道理，對今後事業的發展和財富的創造，甚至對社會的貢獻，有著深遠的啟示。

認識中小企業的特性　開拓市場中積極發揮

一、經營者必須認識創立公司之後，就是一個五臟俱全的新生命開始，是社會安定和經濟繁榮的主要細胞，尤其中小企業最富創造力，能適應環境的變化，並能快速克服經營中的各種困難，創造大量的就業人口，培養眾多創業種子人才。總之歸納起來，必須做到十個字：「旺盛企圖心和穩健經營」，也就是有強烈的願望，在追求經營目標時所付出的心力都會轉化為成就感，即使遇到任何困難也不覺得辛苦，不斷地創造成長、發展事業。

二、市場是唯一可以創造利潤的地方，它有無限寬廣的空間，就好像肥沃的土地般，只要經營者負責種下好的種子，就會產生特殊神功的希望。經營者為了求生存和發展，一定會不遺餘力地在市場上活動，俗稱客戶在商場中是衣食父母的象徵，所以拜訪客戶算是頭等大事，有「顧客滿意」觀念是決定生意優勝劣敗的關鍵表現。為客戶服務應設法產生經濟效益，這是腦加腦的一種互動，如能建立互信和合作，開拓市場將可事半功倍。

三、經營者現階段的當務之急，是要追求實踐「研發、創新、轉型」，才能創造企業的新生命。市場活動本身就是一種冒險，也是運用現有資源於未來的可能，除了要有判斷力和洞察力外，企業必須追求本身持續的成長，而利潤正是企業所承受風險應得的報酬。經營者為了確保自己的利潤，就得不斷地力爭上游，這種力爭上游的壓力，正是促進企業和經濟成長的因素。在商場如戰場中，「經驗」是世界最寶貴的東西，其中要算企業經營管理最富挑戰性，需要大量臨場感，有了寶貴的經驗，便可辨別十字路的方向，可解決經營中的困難，否則就算遇到天塌下來只好自己去頂住。

從學習中提昇經營能力　開發市場才能創造利潤

本書中各個單元都是精心研究所得，具有創業精神，公司升級轉型都有用，業者必須在工作中爭取學習的機會，充實頭腦壯其心志，才可能提升自己的應變能力，經營者有榮辱成敗的切身感，屆時才能以最少的心力創造最大的收穫。

就企業觀點來看，讀有用的好書是收穫最多且又沒有風險的事業，如果深入研讀本書，必能觸類旁通，提高經營能力和智慧，讀者研閱次數愈多愈深，產生經驗效果將更豐，對經營必能產生很大效益。錢穆大師說：「十本書讀一遍，不如好書一本讀十遍。」溫故知新的力量太大了，筆者願見經營者此書在手永遠適用，能在關鍵時刻助你扭轉乾坤。最後本書付梓難免有疏漏之處，敬請先進讀者們給予指正。

本書出版前承蒙經濟日報副刊企管給予篇幅寶貴的園地，自民國九十年四月二十日起連續刊載拙作《創業成功法則》至七月十五日共刊出五十三篇，非常感激諸執事先生、小姐熱心協助與指教。及承前卓越雜誌副社長林日崑先生、范明玲小姐、全球華人競爭力基金會執行長陳生民先生，他們百忙中分別給予指導和協助，在此特別致謝！

第一章　創業——孵育新生命的開始

錦囊一、創業精神永不枯竭

錦囊二、創業家追求創新和成長

錦囊三、創業家「股東組合」有權；「經營組合」有能

錦囊四、生意人應先練就「苦底子」

錦囊一、創業精神永不枯竭

創業就是一個五臟俱全新生命的開始，為了追求創業精神的目標，經營者必須把所有的心力、智慧、資金及時空全部投入，並把所投入的全部人力、物力全部善加經營管理，以期望市場競爭能開花結果‧猶如天將降大任於斯人也，必先勞其心志，所以創業者須身負成敗榮辱的責任，和「天塌下來有我頂著」的決心，而經營者則須實踐創業偉大的「心志」；如此一來，有了「好的開始是成功的一半」，企業便能生生不息。

小小行動　大大努力

哈佛經營學家熊彼得對於「創業家精神」，曾有如下的定義：「就是對日常極小的行動，都願意花費龐大的精神來努力。」（註一）

中國生產力中心前總經理石滋宜博士說：「中小企業為什麼會成為潮流及趨勢，我認為重要的關鍵是彈性、自主及創業精神。其次許多中小企業的經營者就是業主，公司屬於自己，所以想要做什麼，就可以做什麼，成敗都由自己負責，行動自然迅速，效果

最高。」（註二）

企業家陳輝吉曾說：「創業的資源是：創業精神、創業物質、創業軟體三者相乘之積；由創業精神力量來決定創業物質力量與創業軟體力量。如果創業家缺乏或喪失了創業精神，則創業物質與創業軟體的力量即無從發揮，因此，創業精神可說是創業家創業力量的源頭，為創業成功與否的決定因素。」（註三）

創業精神是來自創業家所具有的「旺盛企圖心和穩健經營」十個字為中心，輔以堅強的意志及不屈不撓的奮鬥力凝聚而成，如此可使先天不足的創業物質產生最大的經濟效用，並建立穩固的事業基礎，逐漸邁向創業成功之路。（註四）

師父領進門　修行在各人

「薪傳」在學生意的過程中非常的重要；最簡單的詮釋，就是吸取老闆做人做事的道理，亦即做人誠懇，做事有條理，以及經營管理的刻苦奮鬥精神，如此達成創造利潤的一種寶貴的經驗。

薪傳到底是什麼呢？對生意人的輔導效益包括：

一、對業主（客戶）具有強力的觀念，即客戶是衣食父母的象徵。

二、灌輸企業文化，產生企業人格。

三、艱苦奮鬥的精神，對任何事情，不論時間長短，都堅持到成功。

四、有團隊精神，無個人利害。

五、生意中有許多管理的知識充滿了做人做事的道理。

創業使人生充滿希望，其中包括了資金、時空、人際、全部心力的投入，和連帶的風險，是最具挑戰性的打天下方式，有時在營運中遇到難題，別人也幫不上忙，必須皆由自己承擔，但如果是老闆薪傳的從業人員，便有前車之鑑可資依循，在市場上便可加以發揮。

現今社會常有中年人轉業做生意的情形，其成敗參半，若能經適當的輔導，並有旺盛的企圖心，大都能安渡創業期，繼續發展；否則有資金或好的學經歷也不一定可以有所發揮，反而容易忽視客戶和同業關係，如此過度相信自己是最易造成錯誤的。從事企業活動的一筆交易，往往不知道要經過多少不同的單位和不同層次的相關人員，在不同的企業文化下作業，所需的知識領域甚廣，並涵蓋了各種做人做事的道理，這道門檻不知多少人忽視，因之形成「隔行如隔山」而不自覺。所以凡是市場中有經驗的人，會將人與事加以組合運用，當可產生績效。

自我開發全心投入　創業精神當如泉湧

以往我國固有純樸的商場中非常注重「誠信」，視信用為其第二生命，秉持「客戶往來忠實經營」、「和氣生財，童叟無欺」，「百年老店，永續經營」的觀念，並以嚴師出高徒又親如父子的關係，歷鍊出刻苦勤勞、技術精湛、深知做人做事道理的優秀創業種子，對今後發展事業非常實用有效。所以「誠信」已成為一種公認的規範，如有違反，同業將一致唾棄，導致無以維生。

現代人創業市場的發展空間比以前大得多，但經營的難度也相對地提高，所以創業者除投入全部的心力、物力與時空外，還必須吸取現代經營的知識，並運用企業文化的寶貴經驗，才能充分發揮所投入的一切，產生經營效果。面對市場的激烈競爭，更要不斷地透過訓練開發自己，以保持並強化創造力，使之如泉湧般，永不枯竭。

睜大雙眼　用人唯才

公司裡的各種職稱頭銜，都是創業家根據職務所需而設定出來的，所以須負責使他們成為有益於社會的人和組織，即社會的資產——企業家，而非只是以虛有的響亮名號來吸引眾人的目光，或甚至只是人頭董事長、總經理，利用其姓名以開出空頭支票來危害社會，最後難逃法律制裁。因此創業家應有一重要特質，即須眼光獨到，擁有觀察力及洞察力，知道如何去負責、去經營自己的未來。

一位真正的公司負責人，應深知創業成功不是輕而易舉的事，所以在具備各種條件和能力之後，還需加上花費一番心血與奮鬥，才能保住自己的頭銜與光環。以下幾項可作為參考：

一、須實際親身投入經營，且須具備相當資本。

二、須曾經學過或做過該行業，以具備充分的經驗，在經營過程中，每當走到十字路口時，才能正確辨別方向。

三、須具有專業知識與創業的各種能力。

四、對市場、產品、客戶，須深入探討。

經營者在準備做個企業人的時候，會有許多來自家庭、公司與股東的支持，以及朋友的幫忙，提供所需人力、資金，進而產生密切的關係，使得經營成敗已不是一個人的事，所以須抱持著不能失敗的決心，因為如果失敗，週邊有許多人將會失望，日後便無法交待，以致無顏見江東父老，再也無法抬頭做人。

經營按步就班 不怕自傷傷人

企業的定義：「企業乃是為達成營利目標之有系統、有組織、有競爭的人為活動的結合；由此觀之，企業是達成營利目標一種有組織的工具。」（註五）

企業二字的解釋可以如下：

企字：是止於人，事業成功在於用人，離開人就停止了。

企望、企盼、發展，最後成為企業家。

業字：敬業競業，人要忙，否則另一半是個亡字。

有業主觀念（客戶）才有業務活動。（註六）

業力是辦事的力量，佛門說（口、身、意）集合的力量（業報、業障）。

業務的發展則需以下步驟：

一、訓練人才：養成人員、開發市場、行銷創造利潤。

二、配合業務：公司內部，或指產銷雙方之配合、建立合作關係。

三、追蹤業務：動與靜，明與暗，要行中求知，隨時掌握業務動態、創造績效。

四、策劃業務：利用天時、地利、人和的因素加以發揮，腦力激盪，視企劃可行性作為公司策略運用，以不斷創新、擴大利基。

創業經營是高度運轉，企業每天把全部心力、物力投入創新，如手中玩大刀，不可傷了自己（失敗），更不可傷了別人（倒帳）。

經營者每天都在創業

經營者創業初期，在市場客戶間所爭取的不一定只是單純的利潤，還有許多目標，所以應考慮最需要的目標，如創造利潤、獲取實績（生產或工程實績）、建立客戶關係、訓練員工和設備使用經驗、試驗新產品、求取市場經驗、創造知名度等，因此老公司與新創業公司各有選擇的目標，各有所需。

在今天不確定的時代裡，創業是公司求發展過程中的經常任務，必須接合市場需要而戰戰兢兢。實際上我們每天都在創業，因為經營人力、物力不斷的投資，且任何好的機會來臨，都會帶有風險並行，創業中遇到各種變化均可將之視為正常現象，並利用變化作為發展的契機。

謹慎避凶趨吉　創造市場顧客

開發市場就是要走入人群，尋找你所需要合作的顧客和產品。在市場買賣的過程中，競爭是必然的，因此凡是創造利潤都會具有風險，所以開發市場不僅應重視天時、地利、人和，更應求取風險最少、成功最多的一面，才能避凶化吉。

在美國，「創業家」通常也被定義為自行開創嶄新事業的人；事實上美國各大學商學院的「創業精神」課程頗受歡迎。數十年如一日，將經濟資源的使用效率大幅提升，同時也創造出新的產品市場，並建立新的消費群，這就是創業精神。

學歷站兩旁 實務擺中間

根據管理學會創辦的卓越雜誌報導，現今學界也非常重視實際經驗，如高雄技術學院創辦人谷承恆，即是一例。他曾任職奇異公司、經濟部工研院，非常重視經驗而非學歷，所以強調日後將延聘在企業界有資深工作經驗者，而非徒具學歷而沒有實際工作經驗的年輕學者。

企業活動十分需要經驗，如僅僅依靠好的學歷及若干資金，不見得能發揮經營效益，所以做生意的人首先應求取經驗。沒有經驗和準備不足的人來創業，就好像患了先天不良症，一心只想創業而忽略了創業應有的條件；如此一來，如果在惡劣的條件下經營即會陷入泥沼之中，如創業投資錯誤、產品認識不足等。此外，其他如資金、人員等條件，也須一應俱全；而對市場供求關係、競爭等條件，亦應事先加以衡量，以免誤己害人。

註一：高希均、林祖嘉著，《經濟學的世界：上篇》，一九三頁。
註二：石滋宜著，《有話石說》，中小企業優勢，三十九頁。
註三：陳輝吉著，《創業家》，三十頁。
註四：高餘三著，《面對成功》。
註五：工商徵信通訊社。
註六：傅和彥著，《中小企業法》，五十九頁。吳修齊，《中國企業家名言》，十八頁。

錦囊二、創業家追求創新和成長

創業者除了必須善加運用天時、地利、人和的因素外，還必須知道創業是一種冒險，所以應該多聽、多看，三思而後行。然而，究竟那些人創業發展較快呢？創業家所選擇的事業，多數與其以往的工作經驗有關，他們從中吸收該行業的習性，所以許多在職資深人員對經營管理市場有實際的經驗和知識，是有組織能力的管理人，不但深深明白所需的技術和資金，且有建構行銷管理的能力，並已建立了良好的人際關係，在創業初期便是學有專精的人。

創業終須靠自己 累積經驗輕鬆打

石滋宜博士指出創業定義：「創業家是將經濟資源由低之處，移轉到生產力和報酬率較高之處。」（註一），創業是眾多生涯選擇中最具挑戰的一條路，創業的規劃也充滿了最多的變數，只有自己努力體會，別人很難幫上忙。創業是實現自我的雄心與夢想，所謂「萬事起頭難」，所以創業基本上是一種拓荒的工作，當事人必須有備而來，了解它是一種工作，需要知識也需要人才。此外，經驗是長年累月的結晶，惟有多吸取他人工作的經驗，才是創業成功的捷徑。

創業類別憑本領選　適合途徑可創利潤

創業的類別以性質來區分，可包括以下三種：

一、製造業的組成較為複雜，設立需要較大的資金，且需原料、設備、技術、管理、專業人才和市場，環環相扣，缺一不可。然而一旦打開市場，闖出一片天，則財源自然滾滾而來。

二、工程類為最難掌握時空管理的辛苦行業；它的產品屬於承包工程，其成敗與現場進度有關，牽涉到天時、地利、人和，成本難以控制，且工地人員也比較難管理。一位工程界前輩曾告訴筆者：「做工程危險事故多，風險大又辛苦，如不賺錢，實在是白費工夫，真要天打雷劈；如果賺了錢，多半表示工程進度管理良好，有了實績和知名度，下次獲取工作較為容易。」

三、中間商（買賣業、貿易商、服務業）的範圍非常廣泛，其經營空間並無限制，世界上最大的生意便是在辦公室完成交易的，如日本商社、買賣中間商皆是。他們在各地市場上建立經銷網路，其營運活動有合縱連橫的能力，且具有行銷人才、信用和建立產銷合作關係。當工商業愈發達，中間商服務業的發展空間愈大，因為接觸市場客戶多，產品相對較廣，是訓練生意人才的絕佳地方，且創業經營範圍可大可小，啟發性大，從業人數最多。

通常創業家決心投資可有兩種選擇：一種是從無到有，我們稱之為「自行創業」；另一種是收買正在經營中之他公司，加以創業。不論選擇那一種方式創業，都是創業家在從事自己喜歡的工作，準備長期奮鬥並決意作無私無我的犧牲，有「只許成功不許失敗」的堅強意志，絕不輕言放棄，以維護市場的信譽和個人的榮辱，不讓周圍支持自己的親友們失望。「自行創業」是指創業的新鮮人從頭開始，由於創業維艱，所以必須先準備足夠的資金，並具備應有的本領，還需要一些支持者合作搭夥，這些對創業者來說，至為重要。此外，也須招聘適用人員，因為你的理想和抱負在做成計畫後，不能只靠自己疲於奔命，必須依賴可靠的助手去執行，一切理想才可落實，產生經濟績效和目標。

創業家的心路歷程須以「追求成長，刻骨銘心」八字為最高目標，並選定適合的主要創業夥伴以分擔風險，且要凝固公司股東同仁的信心，要求在不斷失敗中累積經驗。

註一：石滋宜著，《有話石說》，十四頁。

錦囊三、創業家的「股東組合」有權，「經營組合」有能

創業家籌組公司時，須慎選投資夥伴，希望能有好的「股東組合」。公司成立後，所有問題接踵而來，則須有堅強的「經營組合」，其內部架構如管理、業務、技術三方面良好的人才組合，在營運時才能分工合作，具備企業經營之團隊力量，如此一來，公司有了好的開始，才能達到成功的一半。（註一）

創業家先說分明 「股東組合」靜候豐收

「股東組合」是指合夥的股東，但理想的人選在哪裡呢?其實並不一定全是至親好友，最要緊的是須慎選股東，也就是要有良好的人品，穩定的財務能力，並且要有合作的精神。創業家選擇時，不可不慎。

創業家應向欲入股的人事先說明：動機和目標、所創辦的行業、共需資金若干、經

營理念、計畫、創業期長短等，如此投資人才可視行業景氣、個人財力，先作一番衡量並做好應有的心理準備，以便作最後的決定。投資並不是請客吃飯，創業家不可以親友的關係，要求投資人馬上口頭決定投資多少，否則便是不給面子，這是非常不負責任的想法。

何時可收到公司紅利回收，才是投資人最關心的事。如果是短期創業，一、二年便已發展成熟，有所表現，小股東很快便可分到紅利，當然最好；但如果是規模較大的企業，則創業前置期較長。比如設立一所藥廠，從選地、買地、建廠、設備規劃、國內外訂購、安裝試車，即需一至二年發展期；之後訓練員工、行銷活動、廣告知名度、建立銷售網，又需一至二年才能進入成熟期；最後在有了銷售業績後，才能講到紅利。

啓動資金如血液　精挑細選輸血人

「啟動資金」是創業家的資金來源；平均有三分之一的人是用自己的積蓄來創業，有的則是靠親長給予或向親友借貸，當然也有仰賴金融機構的融資來創業。親友間的借貸，如果屬於天災人禍、急事相求，則因人之常情多有「救急不救窮」的心態，當會傾囊相助；但創業投資是件大事，基本上屬於一種營利賺錢的活動，親友借助是為「情份」，不借則為「本份」，本應無關親友感情才是。在以下兩種情況下，多會獲得親友的認同與支持，而產生借貸（註二）：

一、創業家的獲利計畫簡報，深獲親友讚許，願意投資。

二、親友本身沒有投資計畫的用途，在有多餘資金的情況下，願意幫忙。

「股東組合」不是順手拉熟人湊數，所以要選擇較佳的投資人；假設投資人有一百元的投資能力，則投資三分之二屬於正常，若將全部家當一百元全數入股則為不妥，因為投資人的命根子等於掌握在公司手中，會對公司經營成敗過分關心，然而公司的營運在在都與資金攸關，需要股東的大力支持。在要賺大錢時，須先墊出本錢，比如公司在營運過程中面臨大好獲利良機時，便需要更多的資金來加把勁，此時便得徵求股東的支持來增資；同樣地，在遭遇困難時，也需要資金來突破困境。

網羅幹活有能力的人　產生「經營組合」有前途

「經營組合」則是公司成立後幹活的人，選擇亦不可不慎。公司內日常工作由三個不同層面組成：管理部門（會計、財務、總務、人事）、業務部門（產品銷售、市場行銷、交易收帳、客戶往來）、技術部門（產品研發、生產管理、技術服務），以上三個部門在營運中須密切配合，互相支援，才能產生整體效果，萬萬不可各自為政，互相爭功諉過，所以需要有一位強而有力的領導人，負責促使三者合作無間，當可創造業績。

「經營組合」之內涵為：公司內幹活的人一定要能稱職，不能允許有人以靠關係空佔位子的情事；因為管理、業務、技術是公司的組織分工，須配置有能力的人去做，才有績效。依行業別來區分，包括：製造業、科技業、中間商（貿易商、服務業）、工程業等，按各種不同的行業來配置懂事能幹的人，營運才會具有生產力。

陳茂榜內心真正重視的是「學力」，而非「學歷」，他說：「企業所需要的，不是從業人員的『學歷』，而是每一個從業人員的『學力、能力、與活力』。他認為企業無時無刻都處於競爭狀態，而每一個人活著也不能脫離競爭，一個企業也好，一個人也好，要在無窮的競爭之中，獲得勝利，就得時時刻刻努力於充實自己的『學力』、能力、與活力。」（註三）

公司日常營運中，不可只想依賴股東的幫忙，因股東是投資人，而不是「經營組合」內的人；經營者掌握瞬息萬變的商機，不可因等待他人幫忙而坐失良機，這是一種懦弱的表現。公司小，用人少，每個人都應有擔任工作作業的能力，就好像人的面孔，要有五官端正的功能。

「經營組合」之運用 達成目的不費力

一、「經營組合」用在交貨驗收的故事：有兩家經營機具生意，甲公司經營者較內行，但凡事自以為強，於交貨驗收時會冒犯業主問題，另一家乙公司是外行一竅不通，甲公司常笑乙公司無能力應付驗收，實際上小型公司多角生意，今天賣東明天賣西，不會有那些專業人才，但乙公司會利用「經營組合」向外界借調一位專業老師傅，印上乙公司名片代表該公司職員交貨，弄得客戶口服心服，順利過關。

二、「經營組合」係指公司內任用幹活人事案，但在生活中提供二則實際經驗，有助於讀者更加了解它的重要性。筆者曾目睹一位老太太在大湖菜市場中買了許多菜，用大型鐵絲菜籃車裝運，等著乘坐台北市公車，當時筆者在車上正思索著她一個老人家將如何將它搬上公車？果然她很快地拜託一位女中學生，幫忙她把菜籃車搬上公車，克服了上車的困難；到了中途，她要下車時，也以同樣的方法，拜託他人幫忙。筆者發覺她雖走路不穩，但卻從容不迫且面帶笑容，自己克服了搬運的困難，令人佩服她是一位有能力的人。

另一則經驗也帶給筆者很大的啟示。有一天家中有客來訪，內子提議因我老是愛提小炒肉這道菜好吃，何不由我去買？因為我認識菜市場一位年輕能幹的豬肉販王先生，他常顯示他的刀法了得，所以我到菜市場請他幫忙。我先誇讚他的刀功不錯，他不好意思地連說只是混口飯吃，於是我再打鐵趁熱地麻煩他刀工代切小炒肉絲，他馬上說小事一樁，三兩下就完成，照開價台幣四十元付清，我更連聲稱讚他加上切功應值一百元呀！回到家中，客人品嚐後嘖嘖叫好，內子好奇我如何辦到，我心中想：這就是「經營組合」運用到生活上的小實驗呀！

註一：陳中成著，《創業投資實務》。

註二：卓越叢書六十八，《愛拼才會贏》，四十七頁。

註三：李鴻著，《中國企業家名言》，一二四頁，聲寶企業集團前董事長陳茂榜。

錦囊四、生意人應先練就「苦底子」

為什麼常有人說，有「苦底子」的人做生意比較容易成功呢?在商場中所謂的「苦底子」，係指在經營生意中，經過一番歷練，而不是指在窮鄉僻壤過著苦日子，也不是指無端端地吃苦。「歷練」應包括身心，並對市場客戶有責任心、榮譽感。

生意名師「出高徒」 千金難買「苦底子」

在我國傳統生意中，獲得老闆的薪傳固然最為可貴，但在現代企業界中有一些人卻是從歷練中，或於有益的書本中學習他人經驗，因而獲得了「苦底子」，也造就了許多優秀的企業家。做生意的人注重掌握未來，具特有的創業精神，在市場上競爭求發展，並配合客戶的需要，且在發展過程中做組合性經營，費盡心機，無可避免地要在有限的時空下壓縮工作，遭遇困惑、艱苦，受到打擊無數，鮮為外人所知，而有了「苦底子」，在逆境中便較能適應，進而找出方向，立於不敗之地。可見「苦底子」實在非常珍貴，就算花錢也買不到，但在開發市場、奮鬥的過程中，卻可取之不盡，用之不竭。

練功夫先蹲馬步　實戰經驗大公開

經營總離不開市場和客戶，做生意基本上便是求人，須在有限的時空裡完成任務，沒有具備一些「苦底子」，遇到難題不易解決，所以歷練是難得的機會教育。

筆者以前在大企業工作，每天可乘坐交通車上、下班，但在自行創業經營公司後，從一個連自行車也未騎過的人，搖身一變，成為一個駕車於高速公路上奔馳，為接送客戶辦事，因為形勢比人強，且可藉此保障客戶安全、舒適，並蒐集商情，所以無懼風吹日曬，但求客戶好評，確立公司商譽。

例如交貨：此事看似小事一樁，做起來卻不能馬虎。我的公司是代理中日合作、專門防鏽用的海邊特殊塗料，在創業初期，公司人手不足，什麼事都得親自出馬；有一天接獲客戶緊急通知，說是停工待料需要送貨，於是在還是藍天白雲好天氣時，我和公司同事二人出勤，準時下午三點從龜山廠出貨，當中型裝貨車開到了基隆市時已是傍晚，然後我們依次向兩家客戶交貨。

上山下海不怕難　咬緊牙關爲生意

首先到了一家船公司，依規定他們須於船上收貨，所以送貨車僅僅靠著船邊，如同面臨懸崖峭壁一般，船上放下用麻繩做的軟梯一條，準備搬運每桶二十五公斤裝的貨物二十桶，我們兩人各奮力扛起一桶，但在軟梯不停地搖晃下，連人帶貨地滾了下來，所幸並未掉入海中，當下兩人驚甫未定卻又故作鎮定地向客戶連連抱歉，最後只好仰賴船上水手們的從旁協助，完成交貨，讓我們頗感功力不夠，虧待客戶。

接著的客戶，則規定須將貨物送到八斗子的海邊工寮中存放，那裡距岸邊約一百公尺，但下坡全是凹凸不平且死路一條，當時偏又遭逢天黑大雨，在惡劣的環境下我們也只能拼命搬運，前前後後不知跌了多少次，但兩人誰也顧不了誰，我心中只想：「做生意賺錢真不容易，今天算是下馬威，雖然雨水直流全身，也得把吃奶的力氣用盡。」好在我事前看了許多關於創業的書，心中已有底，所以仍咬著牙，堅持信用第一，這可正是磨練苦底子的機會教育，而也就是公司訓練員工要有獨立作業能力的其中一種。回家內子不相信地直說我是個手無縛雞之力的人，怎麼可能做到？我笑說，人不可貌相，到必要時定可發揮最大的潛力。

舞文弄墨屬內勤　生意來了夜難眠

外勤工作算武，辦公室作業屬文，許多書面作業、計算、思考，其實並不輕鬆，中間商的客戶機會一來，都得趕快抓住，東邊進貨買入，西邊售出。比如一筆陌生的電氣器材生意進來，明天上午就要交卷，就必須夜以繼日地完成，連夜查明規格、性能、行情供求關係等；遇到不懂時，也得馬上向同業前輩請教，再作書面估算、說明，工作通宵也不稀奇，但要等到客戶那裡能夠安然過關，才算功德圓滿。

以上各種困難和歷練不勝枚舉，在日常工作中週而復始，當公司升級後，又有新層次的歷練到來，讓人深深覺得凡事事前做好充分的準備，對於將做什麼事、見什麼人都不會害怕。

經過一番寒徹骨　梅花才會撲鼻香

在做生意的過程中，如果有了苦底子的功夫，則具體好處享之不盡：

一、客戶點石成金：客戶會願意提拔一個磨練過苦底子的人，認為人在歷練中才會深知做人做事的道理，所以只要給予他機會，他一定能勝任，不但於公——辦好公事，於私——也會知恩圖報，多一個朋友。

二、有苦底子的人必有定力：做生意其實偶爾也會失敗，如遇大環境不佳，或人力所不可抗拒的因素等，失敗者已竭盡心力、問心無愧，所以可以憑藉著努力，馬上東山再起，此乃家常便飯。反而從未聽說以詐術騙取不當財物的人，在生意發達之後，會更努力的創辦事業，而不會去做暴發戶的，花天酒地、賭博等種種不檢行為，他們樣樣皆來，只因覺得財富得來太過容易。

三、會孝敬父母，有圖報之心：筆者在商場中打滾二十年，發現週邊的朋友凡是苦底子出身而成功的人，雖然現在已身為公司領導人，仍然生活簡樸，因為知道成功得來不易，所以有知恩圖報之心，對父母和親長克盡孝道，令人稱讚敬佩。

第二章

經營管理——打造利基

錦囊五、企業培訓人才乃當務之急
錦囊六、企業經營應做好預備功課
錦囊七、企業團隊精神產生無比力量
錦囊八、管理制度是中小企業的救命丹
錦囊九、信用是公司最大的無形資產
錦囊十、降低成本、創造利潤
（成本是可以壓縮的東西）
錦囊十一、旺盛的企圖心拉拔存活率
錦囊十二、做好庫存管理、活用物料
錦囊十三、財務管理是公司的溫度計
錦囊十四、善用企管顧問公司以備不時之需
錦囊十五、公司組織與「關係企業」規範

錦囊五、企業培訓人才乃當務之急

企業經營以人為本，其發展成敗主要操之在人，企業用人不是只在乎是否優秀，而是要培養訓練出適用的人才。培養即是一種投資，人才也等於是公司最大的資產，經營者重視人才，且充滿活力地到市場中創造利潤，就應先讓人才知道：什麼是事業？什麼是職業？

事業——榮辱與共　職業——但盡本分

事業，是指一個人的工作目的能與企業有高度的成敗與共，知道自己能對自己的命運擁有希望，就會有極優異的表現，因為一旦知道自己擁有自主權，並掌握成敗和榮辱，就會產生旺盛的企圖心，兢兢業業地擁有一股發展的力量。

職業，若以企業發展的觀點來看，一般指依工計酬，只要盡到本分，就算圓滿交差，不負工作終極目的成敗的責任（如是「事業」，經營者遇到天塌下來，也要自己去頂），也就是對於職業中所產生的花果，不會有終極責任感，因此其發展是有限度的，其意志也未盡發揮。

身繫成敗使命　成功就在身邊

經營者為達公司的目標，必須負擔終極的責任與成敗，因此將會不辭千辛萬苦，不斷地追求創造。正如同所謂的「創業維艱，守成更難」，經營者深覺發展事業之成敗與自己榮辱與共，有了這種使命感，便會不眠不休地努力不懈，在充滿希望下，產生卓越的成就，縱使遇到挫折也不會頹喪，反而愈挫愈勇，不時找出困難、解決困難、克服困難，這樣成功就會在你身邊。

中小企業為什麼要有強固的戰鬥力呢？因為中小企業比大企業脆弱，但啟發性大，各行各業的涵蓋面相當廣，經營中之人、事、時、地、物如能相互配合，就不會衍生問題，雖然實際上難免會有困難發生，只要有經驗、講信用，並加強管理，便可繁榮與存續。

為何有事業的人便會有所啟發呢？因為事業一旦與市場結合，它的發展空間將是無限地大，經營者就好像在大海中佈置了若干捕魚網，雖然一天、十天，甚至一個月內可能沒有魚上網，但是一旦機會來了，很可能在一天之內魚網全滿，美不勝收，證明了市場中充滿了利潤。但是利潤與風險是相對的，誰能掌握關鍵，就能逢凶化吉，轉危為安，成為勝利者。另外，市場的掌握也與智慧有關，但學歷等於知識，並不等於智慧。

適才適用培訓人才　投資企業最大資產

王永慶指出：「人才培訓」、企業經營之「生產技術」的不斷研究與開發、「管理制度」的不斷尋求改善，是企業體保持青春朝氣與競爭優勢的不二法門；在追求完美過程中，主要靠各專業人才來推動，「管理制度」的改善，必須匯集企業管理、財務管理、資訊管理、生產管理、電腦資訊……等專業人才的智慧結晶，才能使企業管理品質不斷的提高與升級。（註一）

趙耀東曾說：「我認為『忠貞地犯錯就無過』。即使過程中未盡完美，只要他真正在環境中歷練成長，成為可用之才，便值得了；且多做不錯，少做多錯，不做全錯。」中鋼公司為台灣地區最現代化的公營大鍊鋼廠；趙先生則為美國麻省理工學院機械博士，學成歸國後，在他的人生歷程中，共創辦了十二種大規模工廠，成績斐然，是我國道地的企業家。（註二）

企業人才之培訓，想要使其適才適用、發揮效用，則必須不斷地進行人才訓練。人才是企業發展最重要的資產，也是企業體的每個細胞，唯有質的提升，才能使企業體青春永駐。

應把人力當資源　充分利用不閒置

經濟學家高希均博士曾表示，一九七九年諾貝爾經濟獎得主之一——蕭而治教授（T. W. Schultz）等美國重要學者，強調戰後四十年的經濟發展思潮之中，「人力投資」代表著一個新觀念的突破，以及一個新方向的確定，「人」或「力」當成資源，絕不包含對人的自尊與價值的貶低，惟其認清了「人力」是一種資源。

一、人力不能閒置，也不能浪費，因此一國必須盡力投資，創造更多的就業機會，將　人力充分利用。

二、人力應精益求精，因此一國就業應儘量設法提高勞動生產力，以有助於個人所得及一國經濟成長之提升。

三、人力之效率不是隨著數量，而是隨著素質而定，因此一國必須盡力推動提高人力素質的各種方法。（註三）

人品加質量等於品質

石滋宜博士說：「因為『人品』加上『質量』才是品質，『人品』是人的品質（Personal Quality），『質量』是物的品質（Product Quality），如果沒有人在關心品質、注意品質，產品如何可能有品質可言呢？事實上，品質的問題就是人的問題。人的品質如果達到一定程度，就會感到『產品品質』已經沒有問題，剩下的只是人品的問題。品質有產品與服務兩個層次，前段是產品的生產過程，後段則是服務品質。在後段時期中，產品已不是問題的本身，而是包括產品送到顧客手中的一切過程，包括人與人的接觸，這就需要人品，因此有許多產品賣不出去，並不是產品本身的問題，而是產品周遭的人所造成的。」（註四）

「養人」道路奮力開　適用人才垂手得

日本經營之神松下幸之助說：「『事業即是人』，管理科學是人類所引導的，所有經理、員工、顧客也都屬於人類，須藉著互助合作，以實現人類幸福為目標。此種活動，尚須順應時代變化予以經營管理、不斷努力，也就是須隨著社會進步、跟隨時代需要而不斷的改變。」（註五）

國內最大的民營企業──台塑公司，在一次在「企業經營實務檢討會」中表示：「企業經營管理最重要的課題，就是『要人』。要什麼人呢？要懂事情的人，要會做事的人；然而怎樣才是會做事的人呢？也就是要有實務經驗，且會實實在在做事的人。

企業需要會做事的人，而人才需要培養，到底怎樣養成一個有用的人？養成人才首先應擬定一套計畫，使人員能夠隨著設定的訓練過程逐步漸進，就像是為他們開闢一條道路一般，讓他們能夠照著路走；但是今天大部分的企業都缺少這條道路，所以我們必須悉心奮力去開拓。」

企業文化之經驗和研究是當代的產物，用人最要緊有責任感，要能完成公司交辦的任務。茲引用古代一個有趣的小故事（註六）：子路問孔子，「如果先生統帥三軍，會使用誰？」孔子說：「空手鬥老虎，徒步渡大河，死了都不後悔的人，我是不會用他的。我要用的一定面對大事恐懼、謹慎，愛用謀略去完成任務的人。」當今工商界講運用策略，行中求知，運籌帷幄決勝千里的人。

註一：王永慶著，《追根究柢》。
註二：季鴻著，《中國企業家名言》，104頁，中鋼公司前董事長趙耀東。
註三：高希均著，《經濟學的世界：上篇》，169頁，國家進步的要素人力資源。
註四：石滋宜著，《有話石說》，65-66頁。
註五：松下幸之助著，《管理與人性》，在企業管理哲學上他的名言「事業即是人」。
註六：珍藏古典文學十八，《四書五經》，19頁。

錦囊六、企業經營應做好預備功課

世界上任何一件成功的事，都在事先做好了充分的準備，好比工地開工、工廠開機、軍事演習、結婚典禮等，哪一樣不是已做好充分的準備？有了準備，則一切將有條不紊，辦起事來自然績效高。其中，「創立公司、經營管理」算是最難的一件事，因為市場的瞬息萬變和白熱化競爭，經營者的行中求知和各種應變方法都須運用策略，不可倉促從事，好比「豫則立，不豫則廢」的道理，也就是創造企業的機會永遠留給有準備的人，有了好的準備，即是成功的一半。

國內國外生意經　不離事先做準備

赴國外做生意時，應先做好旅程安排、時間利用、與廠商和客戶的聯絡、攜帶文件物品樣品、當地情況收集、可能談及的問題研判等事前準備，如此一來，不論走到哪裡、見什麼人，都不會感到恐慌，否則出國後才發現缺東缺西，效益將大為降低，對方市場也會看不起我們的公司。

國內客戶的拜訪，成敗也都攸關事前準備。內部功課應先熟閱產品資料、攜帶文件、安排時間、找對客戶人員等，萬萬不可草率應付。在業主面前如同一次面試，如果表現的好，業主就會給予機會，所以應以誠懇負責的態度，作有條理、有層次的應對，在知道業主的困難之後，更應設法成為一個為之解決難題的好幫手。我們必須了解，開拓市場並非一種乞食行為，所以應該處處顯示自己的作業能力和合作精神，並與業主建立友誼關係，進而爭取合作機會，產生合作力量，共同創造經濟效益。

事前準備賺時間　知己知彼得勝利

在做生意的過程中，「人」是產銷雙方的橋樑，所以對於產銷動態應瞭若指掌、準備週詳，提出可行的意見，以促進雙方信任，這些也都要在事前有充分的準備。筆者經營公司時，非常重視「事前充分準備」的觀念，所以在時間上較為富有，一旦有時間做思考，就算做錯了也有時間予以改正。所以實際上經營者的活動乃每天都在創造機會，知己知彼，運籌帷幄，即可決勝千里，尤其是製造業和工程業者，充分準備當可產生績效。

企業經營尋求發展時機，如向一個陌生的環境開拓市場，無法事先完全知道好壞，必須以行中求知——多聽、多說、多看的方法，認識市場供求關係和客戶公司制度的好壞，如其發展計畫、權責區分、財務狀況、團隊精神、競爭者為何等。有經驗的業者，在拜訪過客戶一、二次之後，即可知道這家客戶的進程須如何才能成熟？是否值得深入？並加以評估研判，作成策略，這些都需充分的資訊和準備；但如果不適宜合作，也須注意「生意不成仁義在」的道理，做到「人情留一線，下次好見面」。

世界名家經驗談 「家庭作業」不可缺

經濟學家高希均博士在其著作《溫暖的心、冷靜的腦》一書中提到，季辛吉博士最稱讚的政治家——美國前國務卿舒茲，在談及公共政策時，表示「舒茲經驗說」是指自己用心準備，不論參與者身分多忙，自己一定要做好「家庭作業」。（註一）

卓越文化叢書——《套出真相》，敘述世界尖端大牌記者的訪問經驗，其中美國國家傳播公司（ＮＢＣ）新聞評論員章斯樂（John Chancellor）每週有面對四千萬人的曝光機會，他說：不管任何類型的採訪，專業知識都是邁向成功的重要關鍵，因此必須先妥善做好準備工作。（註二）

台灣醫生企業家黃世惠，台大醫學院畢業後，赴美留學醫科，並擔任腦神經外科醫師，之後又在華盛頓大學醫學院腦神經外科當教授，是一位世界聞名的權威醫師；一九八〇年回到台灣接管父親的三陽企業，擔任董事長。常有人問及，之前的行醫經驗對經營企業有所幫助嗎？他答道：「經營企業和開刀一樣，得面臨危險，所以需要對危機處理做好準備。例如腦部開刀的手術過程中，可能會有種種危險發生，醫生要是事先做好周全準備，就能夠按部就班地解決問題；經營企業也一樣要有危機意識，在面對突發狀況時，才不會手忙腳亂，而能穩健地化解危機。」（註三）

對內事前多協調　對外與時間賽跑

如果企業認真、有效率地做好每一件事，那麼公司內部所需的生產力、對外市場的競爭力，連貫起來就會產生很大的效益；在商言商，經營有了效益，就會不斷地「創造利潤」。惟講究效益不可偏離目的，需要正確、迅速，避免粗糙遺漏，特別是怕做事情時，不重視可用時間，把事情一拖再拖，永無止盡。

企業除應正確的控制計算、裝配、操作等過程，慎防弄錯外，並須掌握各項基本資料，如庫存量、銷售管道、交貨日期狀況等。由於在市場上，業務競爭激烈，對待客戶應注意有效時限分秒必爭，否則即使服務或產品內容再好，也不會產生效果，套句中國大陸上的用語，即是「過時作廢」。

黃南斗先生說：「對公司內組織而言，則是一種互相尊重，也就是『事前應多協調』，並取得相關人員的共識，使工作順利進行，以期產生團隊力量。」（註四）

註一：高希均著，《溫暖的心、冷靜的腦——討論進步的觀念》，二八一頁，經濟決策中人的因素。

註二：徐炳勳著，《套出真相：問與被問的功防術》。

註三：卓越雜誌一九九四年四月號，台灣醫生企業家黃世惠。

註四：黃南斗譯，《自我啟發二〇〇則》，一〇〇頁，做事有效率的訣竅；一二〇頁，企業組織內事前協調工作。

錦囊七、企業團隊精神產生無比力量

中小企業在發展過程中，公司的人手有限，但工作卻是無限量的與日俱增，為了公司的營運績效並對外保持信譽，許多工作都必須在有效的時間內圓滿完成；平時依然採行分工的方式，但在公司有大的工作進來時，就須全員合力完成，所以中小企業非常需要團隊合作的精神，以產生強大的力量，公司才可繼續求發展，營造明天的希望。

相互來支援 團結力量大

台灣中小企業在發展時，最常見的是日常工作多而做事的人少，即內部組織已簡化，無法像大企業一般，職掌分明、分工合作，但在新的中心工作來臨時，卻難以整合。中小企業為了配合業務的需要，員工和老闆常會互相支援，不但事前協調、相互尊重，且工作交流、學習辦事，把有限的人力、物力充分利用，以一當十，以十當百，發揮公司團隊效益，這也是一般稱中小企業效率高、可快速成長、不斷創造實績的原因。

老闆兼小弟　公司總動員

中小企業之所以成長，是因為它效率高，工作消化快，成本自然大為降低，當然也就相對有了利潤；它在工作的支援配合上十分靈活，除了原有的分工職務外，就是女會計也要幫忙出貨，人人自動自發，稀鬆平常。

例如，早上外來的小事通常交待徒弟去辦，再有其他工作則輪到職員或經理處理，之後若公司臨時送來一車貨物，因逢天雨須儘快下貨，只得老闆客串徒弟，拼命搬貨，在花了兩、三個小時工作完畢後，當公司下屬皆陸陸續續返回公司時，老闆也已全身溼透了。隔天則輪到徒弟表現：當天老闆一早便去機場迎接客戶，各級人員也因工作安排外出，惟有徒弟一人當家，此時正好有位大客戶路過順便造訪，徒弟便以親切、能幹的表現代表老闆接待，答話與老闆口徑相符，並藉機介紹公司企業文化、維護公司形象、悉心聽取商機，使客戶滿意地離去，此實可謂小兵立大功！

公司有聯絡中心　分散各地嘸不驚

中小型公司是否能靈活的對外聯絡是十分重要的，所以應遴選一位公司內部懂事的同仁為核心，負責對外的聯絡事宜。但是，這位核心者並不是公司的老闆，而是平時表現積極負責、能站在公司立場，且最為了解公司營運內外事務，具有公司立場，對人能和氣，對事能溝通，大家能合作的人。

筆者回憶多年前那個時候經營公司，因為業務所需，經常有同仁十人以上的差勤分散各地，是常有的事，彼此聯絡、集合開會都非常的困難，所以公司很想建立一套制度來解決這些問題。當時公司內一位資深女同仁，負責管理部多年來如一日，不但對公司業務最為熟悉，且人緣佳、十分受人歡迎，於是眾望所歸地成為公司聯絡中心的負責人；在責任與榮譽感的激發之下，她的潛能一一發揮，即使工作量隨著公司的快速發展而無限增加，也能完善處理並記錄妥當。

公司負責人掌控全局、對各地外勤同仁之管理協調、客戶往來事項之處理，以及支援外地技術服務等，皆能因聯絡中心而發揮合縱連橫的功能，並達到預期的績效；此外，對於回覆客戶來電、接待客戶來訪，聯絡中心也都能恰如其分的表達公司企業文化，產生令人滿意的回應。今天有現代化的通訊設備可用，公司內外聯絡方便，團隊的力量一定更大。

客戶賓至如歸　生意充滿商機

記得以前某客戶的高級主管在來過筆者的公司後，曾告訴我說：「出差到台北，只要打一通電話，就能得到你們公司親切地關注，所以我儘量避開其他往來戶的接待，寧可到你們公司的會議室喝杯茶、看看報、聊聊天，即使你不在，我也覺得輕鬆愉快；我還常常以你們公司為臨時聯絡站，即使是私人的委辦小事，也能獲得即時地幫助解決，實在令人有賓至如歸的感覺。」藉著此一例子可以充分說明，與客戶面對面的良好服務與溝通，對於雙方日後往來事件中的困難，多能因此而獲得諒解和協助，且客戶無意中的往來走動，不但使公司內的人氣十分活絡，也能讓我們因此獲得許多寶貴的商機。

所以公司內若有得力的助手，負責人便可安心地在市場客戶間，多做一些行銷活動，這也是許多同業老闆所殷切期望的。

成員心連心　績效百分百

曾任福特汽車歐洲分公司總經理，現任波士頓管理學院院長——拉提夫先生，曾在福特公司服務二十七年，擁有雄厚的實務經驗與國際視野，他的企管教育觀點是「團隊合作和團隊管理」。也就是說若團隊中的成員像鬥魚一樣，只著重自己的表現，對團體的總合績效是沒有幫助的；團隊中的每個成員都應該有所貢獻，並與不同類型的人相處、合作。

在這種制度設計下，團隊的整體績效將直接影響個人的表現成果，因此為求個人成功，必須先確保團隊成功；且每個人都必須盡力地協助他人，與他人合作，並互相學習，尋求改善。公司內部員工的互相支援十分重要，所謂團隊合作力量即是分工合作，同仁間必須要有良好的友情互動，不斷地培養感情，以減少工作不順的磨擦，如同機器運轉中需上潤滑劑減少異聲，人與人之間也唯有感情存在，才能包容一切。（註一）

註一：卓越雜誌一九九四年九月號。

錦囊八、管理制度是中小企業的救命丹

在傳統的農業社會中，多是以時間換取秋收作物，也就是聽天由命，只靠天收。然而在工商現代化的社會中，講的則是企業化經營管理，把人才、資金、技術、市場、客戶統統組合起來，建立所需的管理制度；此一制度乃視公司大小而定，大有大制度，小有小規矩，以能配合時代需要，且合理、適用最為可貴，因為唯有仰賴公司建立良好的管理制度，才能具有幫助市場開發的效益。

公司設營利目標　要有組合的力量

「經營管理」，乃為達成營利目標，有系統、有組織、有競爭的人為活動的結合；由此觀之，企業是達成營利目標之一種有組織的工具。

因為企業活動是運用現在的資源於未來的可能，所以它本身就是一種冒險，而企業家就是推動冒險活動的人；企業家的報酬，即是冒險的代價，也就是指利潤。創新亦正是一種冒險，除了需要判斷力與洞察力外，更迫切地需要想像力。

「行中求知，知中求精」是開發市場行銷活動中，須「坐而學，起而行」的一門大學問，具有天時、地利、人和的因素，包括認識產品、市場、顧客、研發、應變、獲取各種的信息，而經營者必須運籌帷幄，夜以繼日，勞心勞力，才能獲得最後的成功。以上簡單的例子，都是經營管理的範圍。

台灣塑膠公司曾表示：「企業初期缺乏管理制度，就好像不識字的文盲一樣，但為了追求合理化，就逼得你非去探求不可。技術可以用錢買，但是管理制度則是即使用錢也買不到的，所以必須自己去啃出來，掘出它的寶藏；如果管理制度能買得到的話，企業經營就可以像坐在高椅上的皇帝了。」（註一）

建立制度時代尖端　合理實用最爲有效

然而，制度也可能扼殺中小企業的創新與活力，因此如何在企業成長時即建立制度，同時又能兼顧企業的彈性與活力，使制度不但順應時代且能適合己用，就是設計制度的精神所在。換句話說，設立管理制度的必要精神，即須走向時代的尖端，不但要合乎時代的需要，而且還要合理、實用，幫助企業管理、監督人員做事，這樣的制度才能行得通。所以制度化的需要與制度化的程度，須視企業的發展規模與創新活力而定。

此外，管理制度必須實事求是，且經過一點一滴地長期累積，之後才能做到接近完美的境界；但是話說回來，就算現階段已堪稱完美，仍必須不時地檢討改進、認真執行，才不會與企業現況及時代脫節。

傅和彥先生著《中小企業法》，是一位企業管理制度的精研者，他曾指出：「工商界對管理制度之舖設較不重視，這對企業經營之成果與效率影響很大。」茲節錄該書四點如下：

企業發達業務繁重　管理制度幫助成長

企業為什麼需要管理制度呢？一言以蔽之，即是為了配合企業的成長。由於科技發達、社會進步，企業也隨著一天天地茁壯；而規模日大的企業，就有其存在的利益與潛能，如何將這利益與潛能發揮出來，就需要制度。

規模小的企業只要在有限的生存空間下，就可以生存；相對地，倘若企業規模一旦擴大，而大規模的利益卻又沒有適度地發揮，企業勢必會被大規模的包袱（如龐大的固定支出）壓得喘不過氣來，因此企業追求成長，不斷地擴大規模，即需要透過制度來使生產力充分發揮。

管理制度如脊椎　脊骨強健得健康

公司在面臨升級的同時，也帶來了公司內部管理上的難題。老闆再不能「球員兼裁判」，須兼顧制度面，策劃員工執行工作，並接受公司快速成長、維持正常運作，因此日漸感到心有餘而力不足。公司業務趨向規模日大的初期，管理制度是老闆渴望的救命丹，有了管理制度才能生根，進而茁壯，最後開花結果。而企業管理制度以「銷售管理、生產管理、物料管理、採購管理」這一系列最為重要，就好像人體的脊椎一樣，脊骨強健，人體自然會強壯起來、立得很好；所以必須加以強化，企業才能健康發展。

決策推動制度　制度解決問題

制度是決策、是控制、是契約，但不是表格，它的背後是作有效的決策，例如提高員工作業效能、開設門市部、開發新產品、對幹部授權有待裁決等，所以制度是正確的決策所擬訂出來、表現出來的，它的本質就是決策。任何決策都必須由決策權來推動，除非主管授權，否則制度化難以實施；而且它也是在執行企業政策，所以制度化必須反映政策的決定，如對分支機構授權、員工升遷、待遇標準等。這些制度的背後代表了政策上的含意，也就是要執行企業既定的政策。

作決策必須配合公司的現狀環境，即配合公司的規模、業務彈性。公司的規模愈大，愈需要更多的制度來管理，所以應作重點式的管理，執簡馭繁。因為作決策是為了解決問題，所以建立制度的基本態度也是為了要解決問題，要解決問題就必須先了解問題所在，了解企業實際運作的情形後，才可針對問題提出制度或其他解決方法。由此可見，制度是解決問題的一種方法。

制度最貴在執行　運用技巧排萬難

制度貴在執行，否則形同具文。制度必須實現於實際的工作，發生績效，才有作用。推行管理制度需要高層主管的支持，除了主管授權外，權力集中也很重要，實施制度的權力分散、派系糾紛，會使一套好的制度走向瓦解之路。除了高層的支持外，推行制度也要透過說服、教育的手段，使全體員工了解、接受並遵守。任何制度在推行之初，難免會遭受員工抗拒、抵制，這時便需考慮人性面，透過各種關係予以說明，破除員工的疑慮，為其解決困難。

最後的工作則由管理部門來負責，但有時仍需上層加以指導，這些都需適當人才來督導制度的施行，評估制度施行的績效，並不斷地改進，研擬更好的制度。

企業升級多難關　合宜制度化繁瑣

筆者榮幸曾在中國石油公司（排名世界五百大企業）服務了十四年，深覺大公司歷史攸久，產生了優良的企業文化和管理制度，我有此機會得到它的薰陶，使我日後行事皆本著「誠信守法」的原則，受益良多。但遇到急事時，也只能層層請示慢慢處理，無法應變且權宜辦理。至一九七一年，筆者自行創辦小公司，經營管理了二十年，歷經創業困難到公司升級等各個關鍵階段，做過物料銷售、市場行銷活動、國內外商品總代理、鋼鐵特殊防繡技術工程服務等工作，深刻體會到公司發展升級所帶來的人才、資金不足，人員眾多難以口頭交辦事情，內外員工出差頻繁等問題，以至開會研討、追蹤貨品管理、財務收支管理樣樣都需要建立制度；但值得注意的是，制訂制度一定要配合實際需要且行得通，才有效果。

一般中小公司負責人有感於股東人數眾多，而實際負責的人數卻少，因此怕訂出太多辦法，以致綁手綁腳而無法發揮中小企業的特性，所以在管理制度方面來說，是最為微弱的一環。隨著公司的發展，對市場、產品、作業之靈活運用，管理制度更須訂出合乎時代性、合理性、公司需要性、實用性的具體可行辦法，以免業務頻繁卻無制度，導致一片混亂。

法治取代人治　人際磨擦大減

管理是以法治取代人治的過程，所以需要管理制度從旁輔助，以期人際之間的磨擦減到最少。制度也是控制的一種過程，過去以人來控制企業績效的達成，人際磨擦隨之增加，因此只好依賴法治來控制；但是企業許多事務並不是全靠制度就可以有效控制，有些地方還是需要用人來控制。

此外，制度也是一種契約，一種員工和雇主的合約。當公司規模很小時，員工與雇主之間並無需透過契約，雙方便能互相遵守規定；公司規模擴大了以後，便需仰賴制度將雙方所應遵守的事，規定的一清二楚，不僅限制了員工的行為，也限制了老闆的行為，老闆遵守制度，員工才會上行下效，如此制度才能維護施行。

電腦賢內助　事理訂制度

一、時代進步，不會電腦就等於一半的事都做不好。多年前，一位國營事業的高級主管也曾提到：「現在公司已不再是原地踏步了，在單位內要升課長的必要條件有兩個：第一、外語能力；第二、要懂電腦。」事實上，電腦能幫助各種企業建立管理制度，所以已然成為管理制度的設計工具，實用性與企業結為一體，如生產管理、客戶往

來、市場行情、庫存管理等資料，都有很大的助益。（註二）

二、管理制度是根據事理實際發生演變而來，金錢是一體兩面，收帳、支付都要根據發生的事理分別辦理，收帳指公司銷售貨物，依約交貨驗收，開發票請款，何時應收、何時該付、金額若干，會計收帳應認真執行任務。金錢支出如員工出差國外，任務其實幾天，分職務大小，應核付若干的差旅費，都依制度來辦事，公司業務發生越多，就要訂立合理適用的管理制度，有了管理制度，促進企業成長。

適當經營理念 賦予企業靈魂

松下幸之助說：「在企業經營上，許多因素都很重要；技術、市場、資本及人力都是使一個公司能順利推動，彼此相輔相成的因素。不過，若沒有適當的『經營理念』與制度，那麼人力、技術及資本絕對無法發揮其全部的潛力。我想當一個成功的企業家，我努力工作，利用常識判斷；並恪遵老一輩對企業經營的格言：『營造高品質產品，務必精益求精，關懷老主顧，並與供應商維持良好關係。』

我的生意越來越好，規模及員工人數也在擴張，不過不久我就開始懷疑，那些觀念成了公司基本經營原則的基礎？但由於有明晰的『經營理念』可資憑藉，我對企業變得有信心。換言之，可以說在公司經營上加進了靈魂。自那時起，我就感到公司擴展的速度快得始料未及。只有適當的經營理念，才會培養健全的企業發展。一個正確的經營理念，可以做為自信活動培養的基礎，用來統一同仁的精神和力量。」（註二）

員工象徵門面 精神勝過一切

企業精神是從企業文化中延伸出來的，一個有良好制度和企業文化的公司，不論員工走到那裡，都代表了企業精神所在，如誠懇負責、公司信譽、個人聲望、企業形象、準時交貨、如期付款等，一言一行都須負責，並有積極的做事態度，勤勞堅忍，爭取顧客好評。

舉例來說，好的企業精神應該是：所有的人都一定要有精神、氣色煥發、語有倫次；員工出差訪問，談吐皆應有條有理、充滿活力與希望，且說到做到。因此企業界用人，都是以"人的精神"為主要考量。如此一來，公司即有信譽和個人聲望，那怕只是公司內的一個小員工，到達客戶那裡，一樣會受到尊重。

有了企業文化的員工，只要走出去就不是一般普通人，而是代表著公司，如同街上廟會中的七爺八爺，他們的衣裝堆放在倉庫內時毫無生色，但只要一穿在人的身上，就會搖身一變，有模有樣地走在熱鬧的大街上，表情生動，神龍活顯，不但威嚴且受人尊重。又如同百貨公司專櫃中的貴重衣物，即使職員再三推荐，在櫃中也顯現不出神氣，但若有人穿上走於街道，配合著化妝和愉快的心情，即可令人有國色天香之感。可見人要是失去精神，再好的產品也推銷不出去。

非關營業設施　也需管理制度

事實上，在非關營業的設施及地方，也需要好的管理制度，才能生生不息。茲舉兩個靜態的例子，以供讀者參考：

一、道路管理：道路，只要有人使用，就會具有生命，所以需要專人養路，才會常保平坦；要設置標示牌，才會保障安全；此外，還要訂出管理制度和罰則。

二、河川管理：水利局在火車上的標語為：「找回河川生命力，全民做好河川守護員。」顯示政府保護河川的決心。但除了河川的污染公害防治外，維護人民生命財產安全的河川堤防，也需要管理和監督。

註一：王永慶著，《談經營管理》。

註二：筆者好友國營事業台灣機械公司工務處長孫國霖先生，在討論公司管理制度時之見解。

註三：松下幸之助著，《管理與人性》。

錦囊九、信用是公司最大的無形資產

自古以來，我國在商場上最重視信用，所謂「信用通商，童叟無欺」，因此認為「信用」乃公司最大的資產，與客戶約定的事項應當百分之百遵守，因為此乃生意人的第二生命。

自我須求守信　往來先探軍情

生意人交往全靠信用，有時一筆生意的談成，全憑電話報價，交貨也得憑信用決定，否則將會導致工廠生產線中斷、工程進行中停工待料，不但造成重大損失，且也危機重重。所以大家都需守信，才能維持正常經營並創造績效；並應切記：生意人一旦失去信用，就不會再有第二次的機會。

在商場上，交易之前應先了解對方的信用狀況，因此徵信調查是必要的手段，用以決定是否與其往來，假使缺少了徵信工作，便猶如盲人騎瞎馬；反之，若有了徵信調查，風險與糾紛自然就會減少，正如俗話說：「徵信做得好，收帳才會了」。徵信調查

的目的須對事不對人，不是有了親戚、朋友、長官的關係，就可以取代徵信調查」。（註一）

交易有時應參考時空因素。有些客戶在眼前確有榮面，但交易案件的往來要考慮收尾結案時期，現在就應重視未來的好壞，因為「人無遠慮，必有近憂」。如果發現一個客戶缺乏穩定可行的制度、內部權責不分，營運中財務就難逃欠佳情況，若加上業者本身往來金額較大，交貨日期又長，貨源牽涉廣及國內外，一時便難以結案，但是儘管如此，致工程也要趕進度以順利完成、辦理驗收，始可收帳結清；這些在在需要一個雙方互相穩定的局面。業者最要緊的便是抓住客戶可能變化的徵兆，以免臨時遇到客戶倒閉才悔恨不已，也於事無補了。

守時守信也守法　商場往來四守則

商場中往來交友，必須重視下列信用：

一、守時：「尊重約定時間，準時赴約」，表面上看似容易，實際上卻是很難辦到的，必須做好內部管理、壓縮時間、提高效率，才能做到守時。

二、守信：「君子一言既出，駟馬難追」，凡是講出去約定的話，一定要兌現，不可欺騙。

三、守法：無論公司大小，個人一定要守法，並以法律來保障。

四、守做人做事的道理：對人要誠懇，做事要有條理。

肩負使命感迫切感 中小企業信用取勝

中小企業應如何增強信用呢？

一、信用賦予使命感：與客戶談生意時，「討價還價」是十分正常的事，因為各有各的立場和困難，但「生意不成仁義在」，一旦談妥簽約後就不能反悔，等於公司負有對外履行合約的責任，須在有限的時間內完成各種作業，所以信用就是一種使命感。

二、信用產生迫切感：當客戶停工待料時，時間緊迫，甚至會開出高價訂購貨物，所以為了達成任務，建立信用，一切的過程便需動員公司內外所有人手，加緊準備，不能馬虎。為了保持公司對外的信用，這份迫切感將促使公司進步，代表了能力的提升，也是維繫客戶關係的關鍵。

三、信用是法律責任：與客戶自簽訂合約開始，一切困難如物價上漲、估價計價錯誤等，一切不利的因素都與客戶無關，對方只會根據合約行事，否則將依法律途徑解決，所以為了公司，不得不設法履行合約，以保住在商場中的信用。

四、中小企業最大的敵人來自內部無信無能：社會一般認為中小企業的優點是彈性大、靈活、高效率，但如果公司太小，人力、資金不足，加上又缺乏經驗，大家最擔心的「無信無能」這個大敵人，有時便會扼殺了中小企業的前途。信用好的小公司可以做大生意，因為「信用」是公司的無形資產，其中內含著大學問，蘊藏了管理與辦事能力、開發市場能力、整合團隊精神能力，以及合作應變能力。筆者依據之前兼具買方和賣方雙重的經驗，了解客戶有急事、要事，不一定會先找大公司，反而希望找一家熟悉可靠的小公司辦理，可見小公司是可以信用取勝的。

註一：高餘三著，《面對成功》。

錦囊十、降低成本，創造利潤——成本是可以壓縮的東西

出口貿易導向的台灣發展模式，外銷是其生命線，因此必須不斷地提升產業生產力，才能在國際市場中具有相當的競爭力，這也一直是大家共同努力的目標。營利事業以合法的經營來賺錢，是天經地義的事，所以降低成本、創造利潤為企業的經營要務，而所謂的「成本」並沒有一定的絕對值，各家成本不一，由此可見成本是個可以競爭壓縮的東西。

追根究柢來節流　小處著手降成本

提到降低成本，馬上會讓人聯想到台塑企業董事長王永慶先生「追根究柢」的精神。他把人、事、物做最合乎經濟效益的安排；降低成本由先節省成本做起，如節省能源、人員精簡、生產自動化、管理電腦化、生產製程打破瓶頸……，並提到業績不等於

績效，績效是目標的達成，不能以每月報表來看業績數字等，管理哲學中蘊藏極大的學問。

日本人降低成本用找「源流」的方法，即循序找出不合理的地方；王永慶管理成本則是以「無微不至」的方法。舉例來說，有一次，他認為工廠中的工人使用棉紗手套太過浪費，每月的用量也過多，於是他開始追究手套進價、品質、貨源，以及工廠內使用手套的是那些人？慣用左手還是右手？完好的那手手套可否回收、再生使用？如此的清查分析，使手套的實際用量大為降低。從這種小事獲得降低成本的經驗後，自然會再從各方面著手降低成本。

會買會賣阿莎力　創造市場競爭力

公司要進貨、原物料，調查市場是首要的工作，不但要注重品質、價格，貨源關係也要一併考量。商場上有言：「會買不會賣」，就是指售方在業主不知情的情況下以高價賣出，總有一天會被客戶知道行情，到時候失去市場將是無法彌補的損失，這也就間接等於是出賣市場。如果是加工品的話，其製造過程中的材料選用、工資等其他間接費用，也都要設法降低，才會有市場競爭力。

講一個生意人應該在進貨時，要會買不要會賣真實小故事：業者做生意也會常有東邊進貨西邊出售（所謂天下文章一般抄），但在公司進貨時眼要放大放遠，是降低成本關鍵時刻不可馬虎，俗稱貨比三家不吃虧，如能掌握貨源、品質、和便宜的價格才有賺頭。筆者回憶多年前創業初期第一筆生意，有位熱心同業朋友告知，台北市敦化南路上有一家某大化工公司，正在頭份工業區建廠，可去爭取商機。逕前訪該公司主辦人員，承面告因頭份建廠極需採購密封大管線口徑用的進口貨鐵氟龍，需要數量十條報價越快越好。我是新手上路急忙打聽到一家貨源，該貨品進價成本每條台幣六百元，我想對初次往來之客戶表示好印象，照原價每條六百元報出，不加稅金和利潤，很想拿到訂貨單。那知我的業主看到我的報價單眉毛深鎖，價格太貴…他略為思索了一下，也許看我是新手吧，作了下面的點石成金說：承德路有一家價格較低你去試試看。果然找到批價每條四百五十元有了利潤空間。後經買方報價協議，願照該公司上次成交價每條五百元出售，當交易完成了喜出忘外，士氣鼓舞太大了，內心充滿感激和慚愧，深深體會生意人會買重要（指進貨）。應先考量客戶的經濟效益，再去創造利潤。

整體性降低成本　應從管理上著手

一、以出差活動的例子來說明：

1.甲公司出差一趟的人員、車資成本計算：設台北至台中沿途拜訪六家客戶，需花費：三千元除以六等於五百元。

2.乙公司出差一趟的人員、車資成本計算：設台北至台中沿途拜訪三家客戶，需花費：三千元除以三等於一千元。

則比較以上兩家管理成本後，就可知道甲公司拜訪每家客戶的成本為五百元，只有乙公司成本的二分之一，為自己創造了競爭力，有了訪客戶的效果。

二、公司內日常的各種用品都需要成本，應有效的支出，有靠員工切身參與：

企業家黃南斗先生說：「成本與數字意識：即使一根迴紋針、一根橡皮擦都是需要花錢的。公司內日常中的各種用品都需要成本，這也是達成目的所需的有效支出，如果是沒有效用的開支則是『浪費』，或許有人認為公司接待、辦訓練、員工活動等，雖開支所需金額恰到好處，但因公司所編列的預算較寬，若不使用完，下次預算便會減少，這種人就是蠶食企業利益的毒瘤。」（註一）

參與公司經營的人員都應有切身感，每天工作的目的應該是盼望公司成長，否則如何有「創造利潤」的敏銳?也應考慮經費的支出是否應當?錢如果是自己的，是否也會如此浪費？

三、客戶信用好也是引誘業者降價的主要原因之一：

就業主來說，若買東西能按時付款、有制度，不會無端找麻煩，通常供應商會願意降價承售；就業者來說，若為人和氣、好商量，且貨品好、價格公道、如期交貨，並可幫主解決困難，有長遠地建立良好友誼的想法，市場當可擴大。

買賣方各有立場 賺或賠屬自家事

筆者之前在國營事業工作時，有一次參加招標訂製鐵件加工品一批，在場來了數家實力雄厚的鐵工廠老闆。買方當然要審查製造成本費用，當時有一家老闆大叫：「不敷成本、不能再減價了！」，買方有位徐組長路過聽到，快人快語地跑進會議室，大聲地告訴這位老闆：「什麼不敷成本，你的成本太高來自於原料存貨堆放兩年還得加上利息、加工機器陳舊、人員技術不良、管理不善，難道這些都要我們來承擔嗎？我們買東西講的是市價，該你賺的算你運氣，該你賠的我們也不會同情的。」一番高論使得在場各家老闆目瞪口呆，可見的確「你有你的成本、我有我的成本」；他的一針見血，正是日後能成為工業局局長的本錢。

艱難之中得教訓　壓縮成本求生存

民國七十多年台灣外匯匯率原為台幣四十元兌換一美元（四十比一），日後即升值到三十四比一，工商界叫苦連天，直嚷：「不能生存了！」對外銷市場導向的台灣而言，實在衝擊不小。回憶一九七〇年代對外貿易快速發展，產業重心逐漸由勞力密集轉為資本、技術密集；稍後在台幣升值的壓力之下，至一九八七年，由出口暢旺的出超，大幅縮減，漸成收支平衡趨勢。一九七七年至一九八七年，台幣匯率也日漸升值到二八點五兌一美元（註二），之後台幣升值的最高點為一九七二年七月九日的二十四點五元兌一美元（資料來源：中央銀行外匯局）。

我們知道外銷導向的經濟，百分之九十五的創匯來自工業加工品，所以對於匯率的變動十分敏感。中小企業經營者關心外匯升降，渴望匯率穩定，因為如果外銷的產品由美元換回台幣時縮水了，將難以應付工料成本；但是初期時雖難以為繼，長久下來也就能慢慢適應，知道如何壓縮、降低各項成本，學會了以降低成本來提高市場競爭力。所以這對生意人來說，確實是一好的教訓，就好像繳了學費得到了本領，自然而然地存活了下來。

美元自一九三一年取代英鎊以來，成為世界最主要的貨幣，一九九八年前約有百分之六十的外匯存底都是以美元保存，全球貿易數字也都是以美元計價。自歐洲貨幣聯盟（EURO）問世，初期有十一國，為奧地利、比利時、芬蘭、法國、德國、愛爾蘭、義大利、盧森堡、荷蘭、西班牙等，共同決定在一九九九年一月四日採用共同貨幣開市，股、匯市一律使用歐元計價，而至二〇〇二年一月一日至二〇〇二年六月三十日歐元紙、硬幣將正式啟用，一律採用歐元，各歐盟十一國原用各幣則將於同年七月一日之前停止流通。國際間資本市場將藉以歐元使用範圍作為對抗美元，而此舉能否彰顯歐盟團結力，尚待時間觀察。（註三）

註一：黃南斗著，《自我啟發二〇〇則》，九十五頁。

註二：高希均、林祖嘉著，《經濟學的世界：上篇》，一五四頁，我國的貿易結構摘錄。

註三：卓越雜誌一九九九年四月號，一三七頁。

錦囊十一、旺盛企圖心拉拔存活率

天底下有許多成功的事，都是經過努力爭取來的，而市場與客戶也是同樣的道理，需要生意人以冒險犯難的精神去爭取。泰國俗諺有云：「每個人都應先做和尚。」筆者則認為每個人都應先做生意，培養一個人勤奮、刻苦、與人相融合作的精神，以及各種做人做事的道理，且遇到困難時能迅速反應克服，富有積極助人與創業的精神。

面臨轉型考驗　力求生存有方法

過去台灣中小企業一直在安定中求發展，加工、代工創造了百分之五十以上的外匯，此乃因為其具備了特有的高效率活動，建立了信用、奠定了合作基礎，也就創造了利潤。但是現在東南亞開發中國家日漸興起，人工成本大為降低，對台灣造成很大的衝擊，正是面臨轉型的時機，須能順應國際市場變化，配合新的客戶需求，才能因應新的生存環境。

經營環境變動對台灣整體經濟的衝擊，尤以對中小企業影響至大，一九九八年出口貿易即出現衰退，因此今後發展的三大重要課題為：

一、中小企業風險管理（亞洲金融風暴後因應避險策略……）；

二、建立中小企業全球行銷策略聯盟；

三、我們加入WTO及知識經濟時代來臨，前者對中小企業面臨的競爭經營環境勢必更加激烈，必須要健全體質、提高競爭力才是根本。至「知識經濟」的來臨，無論是產業、企業或個人，都必須創新與不斷之學習，才能跟上時代前進。

凡提高企業競爭力過程 其策略都算是企業轉型

凡企業為因應經營環境的變化，而改變公司任何經營策略，藉以提高或維持企業競爭力的一種努力或過程，大體上均可稱為「企業轉型」；凡改變原有的行業、從事新行業、改變生產技術、開發新產品、調整管理組織、轉變行銷市場，甚或所有權結構的變化，亦均可稱之為「企業轉型」。若依企業經營策略來區分，大致可分為三大類：一、轉業或多角化經營；二、產銷型態改變；三、經營型態改變。（註一）

企業面臨生死攸關的各種考驗，想要在市場上求生存所需具備的條件，有四個方向：

一、建立產銷與良好客戶人際關係，爭取合作力量，創造經濟效益。
二、腦力智慧：在市場中開發、發展。
三、用勤勞不懈的奮發精神：在市場中為客戶服務，創造利潤。
四、企業平時必須密切建立金融、財務相關管道，以利公司調度支援發展需要。

加速開發市場——創造財富敲門磚

一個企業體的成長必須不斷的升級，才能持續地穩健經營。而以加速開發市場、壓縮作業進度、降低成本、提高生產力、延攬人才、增加資金活力等為積極的目的來創造利潤，都是促進公司升級的重要條件。

中小企業的實際競爭力是來自內部，所以應強化內部管理、保持良好的信譽、節省開支、提高生產力，並改進不經濟的生產方式、技術、設備、原料來源，以求價值深化，建立良好的產銷關係，強化各地經銷系統，使原有市場重新拓寬。中小企業加強競爭力貴在行中求知，了解客戶的需求何在、市場應如何配合，以加速交易案件之成熟。此外，公司外在本來就有實際轉型的迫切性，內在則需要升級，所以更要善加利用時機進行轉型，但在資金、人才不足下轉型、升級，都需審慎評估。

在過去幾年加工出口經營穩定的時代，大部分的人都沒有想過要加速人才的培育，以在市場走向多元化、多角化經營的過程中，佔有成功轉型的優勢，來提高本身的獲利率。其實企業一旦成長停滯，人才便會老化，所以企業有責任隨時進行加速人才培育的工作，並吸引更多的人才加入奮鬥的行列，以達加速發展、永續經營的目標。

坐以待斃沒飯吃　突破市場有活路

我國自古以農立國，農夫可以坐在家中不求人，自己耕種祖產田地，靠天吃飯，等待秋收，無所謂孤立不孤立。反觀現代環境變遷，經營方法是以組合式經營管理創造利潤，是由思到行、活動頻繁的整體工作，經營者怎麼能坐在公司內靜靜等待生意上門呢？那等於是沒有明天的做法。面對市場競爭激烈的情況，不論公司大小，孤立將造成非常可怕的後果，所以經營者應該斷然拒絕在鳥籠中坐以待斃，反而應該衝破籠罩、突破困境，如此一來，便會感覺頓時海闊天空，充滿了希望，發覺市場中原來存在著廣大的產銷雙方，唯有活躍其中，才有挖掘不完的寶藏，才能不斷地創造利潤，且也才有活路可言。

企業自成立起，即宛如新生命的開始，需要吃飯，需要呼吸。人若不活動即是病態，難以維生，終將瀕臨死亡；同樣的道理，企業若不到市場打天下、與眾人競爭，就是坐吃山空的失血行為，亦終將被市場所淘汰。孔子曾說（註二）：「如果財富可以求到，就是做市場的門吏我也願意。如果不可以求到，還是做我愛好的事吧。」

產銷共同生命體　互動威力無法擋

日本著名的松下電器，多年前好不容易與美國一家大公司談妥，同意將松下產品交易納入美國銷售網，並展示於美國一千七百家商店中，使產品遍及美國；此外，每年還將增加百分之十五到二十的新商店，協助銷售。這次交易是在令人滿意的氣氛下談成，松下總裁高興地說：「從今天起，我會時時想到松下電器將遍及美國一千七百家商店，同時宣告　貴公司總裁和優秀幹部為我們所做的努力；當我看過幻燈片及建築物的概況簡介，並聽完講解後，使我頓悟到在　貴公司這麼多優秀的商店將開始銷售松下的產品之後，你及你的商店就是屬於我們公司的組織系統，這是由於你而促使你們親密的伙伴們與我們同在。」（註三）

在企業界經營，「產」與「銷」的關係非常重要，如果能取得對方的信任，並付諸行動，甚至產生互動合作，就等於是自己的頭腦加上別人的頭腦，在時空的允許下有時可無限的發展，產生無比的力量，創造極大的財富。

註一：經濟部中小企業白皮書。
註二：珍藏古典文學第十八集，《四書五經》，一十九頁。
註三：松下幸之助著，《管理與人性》，二五三頁，共同的利益、互動的威力無法擋。

錦囊十二、做好庫存管理、活用物料

「庫存管理」在企業裡所佔的資金比率很大，因此應該充分發揮其功能，活用庫存中的物料，並促成銷售、產生利潤，而不積壓資金。中小企業必須運用其特有的彈性吸收市場資訊，將進貨延伸到原產地，並加強貨品管理，務使客戶使用時能產生最大的經濟效益。

強化庫存管理 鏈結市場需求

中小企業分類廣泛，但其功能不外乎生產製造、工程現場施工、中間商銷售等，而其中又以銷售最為普遍。庫存管理若運行不善，將直接影響公司資金的周轉。而其中公司規模較大者，或因營運需要經常大量進貨者，通常都設有公司專用倉庫，所以更應重視庫存管理，加強物料管理的運用，以利與市場需求結合。

一、進貨（含原物料貨品）品質：貨品品質關係著日後的銷售價格，所以有其技術性，如貨品規格、性能、用途、操作調整等，都應事先了解注意，特別是貨品入庫的驗收，尤應認真檢查，千萬不可馬虎弄錯。

二、進貨價格：公司進貨必有其規格要求，務求能符合需要，又能低於市價，並可抗拒市場價格浮動，繼而銷售產品、創造利潤。採購貨品時，應注重品質與進價，不可草率。中小企業有其營利性，所以貨源開發須考慮長遠性、合作性與可靠性，並積極對外建立友誼，但不可循私舞弊。

三、保管與監督功能：庫存管理的項目有大有小，種類多者甚至上萬，因此必須借助物料分類、編號、名稱、規格、性能、材質等加以區分，並統一編號，以利列帳管理。從原始請購開始，進貨驗收、領料、發貨、調撥、會計計價入帳，都可依此配合採用。

四、存貨盤點工作：這是公司稽查物料及貨品狀況最有效的方法，其基本管理原則如下：(1)注意貨品進出倉庫的情形，防止庫存品的流失，且數量須與帳面相符；(2)重視庫存品的保養和維護，使其性能完善；(3)貨品應先進先出，設法及早利用，防止變成呆廢物料，失去帳面應有的價值；(4)具危險性或貴重的庫存品須妥善保管，並注意倉庫安全、電源、電線控制，以及存貨的火險投保、保全等事項。

存貨適時供應 管理合縱連橫

公司內部應建立對庫存管理的共識，存貨即是資產，資產等於現金，需要大家共同來維護，而中小企業的資金大多投注於公司存貨上，其重要性可想而知。

若是管理不善、庫存數量不符，或品質變壞，或有人為差錯，將會產生下列兩項錯誤：(1)公司銷售後才發現數量不足以交貨，或品質有異，客戶不驗收，影響公司對外的信譽；(2)結算後帳面價值與實際存貨不符，如原認為公司盈餘達20%，但因存貨不符，也許變成負數都有可能，甚而因此造成無法彌補的損失，所以庫存管理實為一件不可輕忽且必須經常注意的事。

一、存貨控制：生產線上的原料不能中斷，工程進行時不能停工待料，對銷售業必須及時供應貨物，因此庫存管理除了要將物料存貨控制在不多不少的合理情況，同時亦須兼顧公司營運的需要。企業最怕有不當的進貨，導致呆廢物料堆積；此外，生產線及工程的用料也都不可浪費。

二、物料管理具有合縱連橫的功能：進貨前要先研究市場供需關係，驗收貨品時則須注意規格，此項步驟應由專業人士來執行。而貨品原料供應有無困難、國外有無正在運送途中的物料、國內有否加工製造品、交貨日期能否掌握、貨品的追蹤協調能力，如器材籌劃、採購審議、物料儲運、會計作業等，各相關作業皆不可存有本位主義，居間的物料管理人員亦須共同協力，以期產生環環相扣的效果。

因此，相關的物料管理人員應該經常在一起商討、溝通，有困難時互為支援，以便對公司重大政策產生共識，如此辦起事來才會有使命感和出色的表現。

市場資訊抓得住 活用物料佔上風

在台灣，中小企業佔企業總數的百分之九十八，經營者可運用彈性變動及高效率的優點，隨時掌握市場資訊和顧客需要，而活用物料銷售正與市場發展息息相關。

商場上，完成一筆交易，往往只需直接把貨物運送到客戶手中，生意人根本不必進入內部倉庫，因此若能儘早獲得充足的市場資訊，做為公司進貨的依據，不但將有充裕的時間買到便宜貨，又可大幅降低庫存成本；但是如無把握，則不宜貿進。

中小企業進行貨品交易時，經常東邊進貨西邊出售，有利潤就做生意；而許多公司都設在都市，很少有自己的倉庫，通常是直接由貨源那裡出貨，因此貨品管理顯得更為重要。經營者為保障自己的信譽與客戶的需要，應先到生產工廠或出貨點，查看貨品名稱、規格、數量、包裝是否完善，其他如搬運工作等，都須用物料管理的方式，保證貨品無訛，將之視為公司內部出貨，以負責的態度把貨物交到顧客手上，直到驗收通過，贏得客戶的信心。

凡庫存品未使用前，業者仍有責任，而售後服務，也是物料管理時應詳加注意的事。（本節原載於卓越雜誌第一二三期——高餘三『管理人選篇』）

錦囊十三、財務管理是公司的溫度計

中小企業內部最重要的資產是人才和資金，少而可貴，因此影響營運最鉅的是資金短缺的問題。規模較小的企業對資金來源、調度、運用及保管，都應制度化；但囿於人手不足，對營收貨款和支出應有的程序只好簡化，但是責任則相對加重，如果一不小心財務出了亂子，如何方能把有限的資金發揮最大的效果？公司負責人應不時督促會計人員注重貨款之催收，與大項資金支付之查核，這些都是健全公司財務的重要課題。

財務怕吃緊　禁止吃倒帳

外界常把一家公司的財務狀況視同溫度計，來衡量該公司信用是否可靠，而要防止財務吃緊的窘況發生，首先就得避免吃倒帳。於是，許多公司嚴格規定，貨款一定要及時催收；收到貨款後，要儘快繳予會計入帳，絕對不可私自挪用。

現在引個小故事作為參考：多年前筆者因業務需要，拜訪一家執台灣大五金業牛耳的大公司李老闆，適巧遇見他當面訓誡一位業務員：「你經手出貨賣給某人三十公斤鋼筋的貨款怎麼不收回來？」語氣非常嚴厲，「雖然才價值台幣一百多元，但那是公司貨款，知道嗎？你認為客戶重要，偶爾花錢招待客戶吃飯花了五千多元，我都沒話說，因為那算是為公司做好公共關係；然而人情與業務應區分清楚，凡屬公司貨款，一定要準時收回。」據筆者側面了解，對方算是一家好客戶，三十公斤鋼筋是屬於個人所買，與公司應有感情，因此也認為是小事一樁，頗為同情挨罵的業務員，但李老闆則堅持認定既是公司貨款，應注重原則。我們聽了之後，也十分敬佩他的經營理念。

人如魚錢如水　資金管理有一套

中小企業經營者對「資金」二字要有正確的認識，人如魚，錢如水，魚缺少水就無法生存，不管你是什麼種類的魚，生命力有多強，都是一樣的。因此，在資金管理方面，要注意下列事項：

一、資金來源：公司在決定銷售案或承包工程案的業務之前，應先詳細研究雙方的權利與義務；同時，客戶的選擇應以資金能夠最快回收且可靠穩當者為優先。尤其是小公司，資金不容稍有短缺，應將貨款的催收列入公司的重要工作，指派有能力又可靠的人員前往洽收。

二、資金調度：經營企業難免要向各往來銀行融通、貼現，或向金主融資、向股東親友借貸，因此必須廣結善緣，並將公司的理想、管理制度、重要實績及未來的發展計畫告知對方，而且要做到「有借有還」，才不會斷了自己往後的生路。

三、資金運用：不論是公司資金或借貸的運用，均應考慮經濟效益與安全性，最好以計畫性個案為優先。

三、資金保管：公司所有的營業收入，不管是現金或支票，應有會計專人保管，不時核對應收、應付帳款，而且資金的進出，皆應有憑證存查。

阻絕挪用公款 勾稽制度出馬

一、經營者本身：經營者最需以身作則，不可將公司資金作非經營支出，但為開拓市場的應酬花費則不在此限。

二、外人：公司不可任意幫助他人開出長期支票，資金更不可隨便借調他人，包括親朋好友在內，以免自己一時週轉不靈，又借調無門，而瀕臨倒閉的邊緣。

如係大公司，因人手多，分工較細，內部稽核制度較嚴，訂有收款與支付作業程序，各種傳票、報表，公司負責人只要查閱報表即可一目瞭然。且在作業過程中，由於各層管理者分別監督，充分發揮了制衡作用，因此很少出大紕漏，除非決策不當，才會有重大錯誤發生。

小公司人手少，繁複的作業程序經常只有一、二人負責，稍一不慎，即會出事，所以公司負責人應時常查詢會計人員有關資金的進出動態，尤其進出款項較大者應特別注意。若是經營者事務繁忙，經辦的會計人員也應定時向負責人報告資金動態。（本節原載於會計研究月刊第一百〇四期——高餘三『中小企業理財要訣』）

錦囊十四、善用企管顧問公司以備不時之需

在工商業快速發展的今日，經營管理如：研發新產品、投資新事業、興建設備等活動，所需的人才、資金、能力、智慧都會感到不足，因此對於重大研究事項，並不是僅僅單靠一個人以有限的知識和經驗，關起門來不問外事的悶頭苦幹，就可以包辦的，企業應該做好事先的資料檢查、研究，集思討論、整合科技、訪問調查，甚至結合國內外不同的專業諮詢機構，作整合性經營。

企業醫生把脈　疑難雜症得解

在國外許多的先進國家中，管理諮詢的專業機構十分普及，而台灣也早已引進若干法人組織和各型的企管顧問公司，目前多以舉辦各種專門訓練、討論課程為主，業者公司如認為需要，即可派人報名參加。在企業遇到重大困難時，業者也可借重企管顧問公司豐富的專業經驗，聘請專家來公司「診斷把脈」，期能解決企業營運中的種種難題。當然，應甄選此類信譽卓著的專業人士為宜。

卓越文化叢書「企業現代巫醫」中，關於國內企管顧問公司組織與功能之介紹，如下所述：

客觀立場來診斷　健全體質不是夢

借助企管顧問改善體質：開發中國家重視產業科技；已開發國家則是生產技術與經營管理並重；而高度工業化國家則將經營管理列為領導地位，他們肯定高水準的經營管理有助於高科技水準的提升，對企業整體的發展具有主動的推動功能，尤其是在中小企業占有極重比例的國家，更為顯著。

前台大管理學院教授許士軍表示：「一國管理水準的高低，其中之一，應視其國內管理顧問是否發達。企業主必須認識管理的重要，深知其經營成敗繫於管理之良窳甚大。一般而言，愈上軌道的企業，愈容易發掘其管理問題的性質，並對本身管理能力及經驗作客觀的判斷，這樣才能尋求與選擇適合的外界顧問，以客觀的立場，專業的知識與豐富的經驗，為本身診斷與處方。」

中華企管公司董事長李裕昆說：「今天處在變動快速的時代，任何一個企業的經營可以說都是極為複雜的工作，為了應付競爭、為了促進事業成長，企業必須不斷地發掘問題，革新管理，改善體質，創造機運。」

結合實務經驗 企顧資格底線

企管顧問必須與實務方面的豐富經驗相結合：企管的研究是非常實務性的工作，必須了解經營者、員工，與市場顧客之關係，才知道他們的需求是什麼？能幫助他們做什麼？前中山大學企管所所長劉維琪即認為，「一個優秀的企管顧問，同時還要有豐富的實務經驗，才有發掘問題及解決問題的能力。」

究竟什麼樣的人夠資格擔任企管顧問呢？「企業現代巫醫」一書中指出，在歐美國家，大多數的企管顧問都必須擔任過經理的職務。現代企管公司總經理紀經紹也表示：「至少，必須在企業界有十年以上的管理工作經驗，才有資格從事管理顧問的工作。」交大企研所教授謝長宏則認為：「管理顧問一職，究竟由誰來擔任較為恰當？事實上，應由企業本身訓練屬於自己的專業人才。但若仍有無法解決的問題，則所要尋求協助的管道，應是社會上一般管理顧問公司或顧問中心。」

據前眾望企管顧問公司副總經理吳嘯所言，擔任企管顧問必須建立公信力，包括三種不同的構面：（1）對客戶委託的處理能力；（2）自我品質的管制工作，以維持一定專業水準的要求；（3）忠於職業道德，並遵從公認的行為規範。（註一）

企管顧問來協助　公司病態康復快

中小企業現階段正處於轉型期，面臨衝擊的抉擇，但是一般經營者對企業體質改變的工作，所具有經營知識非常貧乏，因而有些公司需要外界協助，惟業者因對眾多的企管顧問公司不盡了解，怕找不到有用的或無畏洩漏內部機密的企管顧問，因此難免會有所顧忌，但在時代進步的趨勢下，企管顧問公司仍快速成長。至於向企管顧問求教時，經營者應先詳細說明困難所在，並與企管顧問密切溝通。當然，囿於國情、民族性的不同，在參酌他國的管理方式時，須以中國式管理為主，方能產生顯著的效果。

企業經營時，內部常會遇到一些困難，如果自己無法解決，便可聘請企管顧問來協助。舉例來說，若企業遭遇庫存物料積壓資金太多的問題時，業者應備妥相關文件、流程資料以供專家調查參考，必要時也應訪問公司主管和相關作業人員，以了解呆廢料的形成原因，究竟是市場變化、管理制度，抑或是人為因素所導致，皆應蒐集資料詳加研判，以利進一步與業者共同研究解決積壓資金的方法。這些都是正常且必要的作業範圍，只要互相合作就會產生相當的績效。反之，若業者公司內部不健全，派系複雜、職掌不清，且由於怕外人介入，對專家的正常作業更是不理不睬，這樣的人為因素存在，即使是一件簡單的項目，也無法產生具體效果。

摸透難題　一一擊破

只要公司具有完善的管理制度和企業精神，需要企管顧問時，即可接納社會上企管諮詢的各種助力，而這也是工商界求發展的一種進步動力，因為經營者只要深入學習探討，正如同所謂「處處是教室」，自然會提升本身的經營方法，屆時有了智慧就會產生能力解決問題；唯眼前的問題應先加以區別：

一、如是屬於公司內部轉型的問題，應先自行改良公司組織的經營型態、管理制度、人事和資金吸納、市場開發，待重組後再行出發。

二、如是屬於企業發展，則須求助於專家。為求公司健全發展，該花的錢就好像繳學費般不能避免，而得到專家提供的各種方法，即是伴隨投資而來的報酬，可強化公司利基，也是創造利潤的必要措施。

工商服務左右手　協助提升競爭力

工商服務業係為企業提供專業的服務，按我國的行業分類，內有法律及會計業、土木建築服務業、商品經紀業、顧問服務業、資訊服務業、廣告業、設計業、租賃業，以及其他工商服務業。隨著台灣經濟的轉型與升級，工商服務業的角色已愈來愈重要，它所提供的主要是知識密集型的服務，在產業競爭激烈的今天，已成為協助企業改變經營體質，增加附加價值，不可或缺的助力。

工商服務業競爭力的定義，是指企業持續成長、擴大市場、提高利潤的能力。以服務業的特性來說，服務品質、服務速度、服務範圍、硬體設備、軟體技術能力、專業人員素質、市場行銷能力、成本控制能力、價格競爭力等項因素，應是企業競爭力最為相關的九項。（註二）。

註一：卓越叢書三十二，《企業現代巫醫》，介紹企業顧問公司功能與未來展望。

註二：一九九八年《中小企業白皮書》第七章——「工商服務業競爭力概況」。

錦囊十五、公司組織與「關係企業」規範

成立公司易，經營管理公司難。經營者將成立公司之申請手續委請會計師辦理後，就迫不及待的希望主管官署早日核准證照，然後從此忙碌於營運工作，渴望趕緊獲得公司收益，對於各股東權益，以及公司負責人（經理人）之權責，都不盡了解；這主要是因為公司正處於開業初期，牽涉不廣，一時尚無迫切感，所以對於公司法相關法規認識不夠，且不知其責任所在。

經營者了解公司法 發展業務最能順暢

當研究企業發展領域時，必須先對公司法規加以探討，其功能與權責區分，尤其是與股份上市公司的發展，更有密切的關係，不容忽視。為求正確資料，承經濟部商業司告知，已有最新之公司法及相關法規出版，內容包含公司管理法規、商業會計法、營利相關規則，對於公司營利事業何者可行、何者違法的行為一一規範，與公司組織管理與發展息息相關，若經營者常年忙於業務無法得知，將成為經營上的一大盲點。

有感於許多經營者努力為公司前途打拼，以致對公司法中之管理法規所知不足，而不依公司法相關法令規範作業，或對公司股東權益有所損害，甚至經營活動中操作了危害社會、觸犯法令的作業而不自知，因此深覺經營者應先具備此種素養，當會創造公司經營正當性的更佳效果。

茲摘錄公司法中之「關係企業」篇於下：

一、**關係企業之定義**：

本法所稱關係企業，指獨立存在而相互間具有下列關係之企業：一、有控制與從屬關係之公司；二、相互投資之公司。

二、**控制與從屬關係之認定**：

公司持有他公司有表決權之股份或出資額，超過他公司已發行有表決權之股份總數或資本額半數者為控制公司，該他公司為從屬公司。除前項外，公司直接或間接控制他公司之人事、財務或業務經營者為控制公司，該他公司為從屬公司。

三、**控制與從屬關係之推定**：

有下列情形之一者，推定為有控制與從屬關係：一、公司與他公司之執行業務股東或董事有半數以上相同者；二、公司與他公司之已發行有表決權之股份總數或資本總額有半數以上為相同之股東持有或出資者。

四、**損害賠償之發生**：

控制公司直接或間接使從屬公司為不合營業常規或其他不利益之經營，而未於營業年度終了時為適當補償，致從屬公司受有損害者，應負賠償責任。

控制公司負責人使從屬公司為前項之經營者，應與控制公司就前項損害負連帶賠償責任。

控制公司未為第一項之賠償，從屬公司之債權人或繼續一年以上持有從屬公司已發行有表決權股份總數或資本總額百分之一以上之股東，得以自己名義行使前二項從屬公司之權利，請求對從屬公司為給付。

前項權利之行使，不因從屬公司就該請求賠償權利所為之和解或拋棄而受影響。

五、**損害賠償責任之加重**：

控制公司使從屬公司為前條第一項之經營，致他從屬公司受有利益，受有利益之該他從屬公司於其所受利益限度內，就控制公司依前條規定應負之賠償，負連帶責任。

六、**請求權之時效**：

前二條所規定之損害賠償請求權，自請求權人知控制公司有賠償責任及知有賠償義務時起，二年間不行使而消滅，自控制公司賠償責任發生時起，逾五年者亦同。

七、**清償順序**：

控制公司直接或間接使從屬公司為不合營業常規或其他不利益之經營者，如控制公司對從屬公司有債權，在控制公司對從屬公司應負擔之損害賠償限度內，不得主張抵銷。

前項債權無論有無別除權或優先權，於從屬公司依破產法之規定為破產或和解，或依本法之規定為重整或特別清算時，應次於從屬公司之其他債權受清償。（註一）

金融風暴襲捲全台　現代鄧通五鬼搬運

在此次東南亞金融風暴颳起之時，茲節錄了一九九八年十一月十一日台北各大報的報導：「本在金融風暴中自詡屹立不搖的台灣，從新巨群等若干上市大企業發生了台幣上億以上巨額跳票（指開出的支票因存款不足而遭退票）爆發金融危機以來，上市公司皆因骨牌效應而人心惶惶，當局於是研擬舒困挽救措施。雖然並未直接受到亞洲金融風暴的侵襲，但隨著風暴的影響一波波地擴散，深入觀察雄才大略的新一代企業家大肆擴張、政商勾結，貽禍社會大眾，形同『五鬼搬運法』。」

中央研究院院士蔣碩傑曾指出什麼是「五鬼搬運法」：假使有人既不從事生產或服務，又不肯以適當之代價向人告貸，而私自製造一批貨幣，拿到市場來購買商品，就等於憑空將別人的生產成果攫奪一份去了一樣。這不是和竊盜行為一樣麼？而且這種竊盜行為是極神祕而不露痕跡的。它能夠不啟人門戶，不破人箱籠，而叫人失去財物。吾人不妨戲稱之為「五鬼搬運法」。這種法術，費景漢教授曾經稱之為凱因斯的魔法。其實這決非凱因斯所發明，在我國兩千多年前早已有人使用過。就是漢文帝在他老糊塗之後，曾經因為聽說他的嬖佞鄧通依相法當餓死，就特賜他一座銅山，並准他私自鑄錢。這就等於特許他使用「五鬼搬運法」，任意搬取別人財物一樣。因為別人辛苦生產的成果，他只要以私鑄的錢，就可以取得。這種特權自然是眾人所嫉的。一旦文帝崩逝，年輕有為的景帝即位後，就迅速將他的特權取消，並且將他那份富可敵國的財產，全部籍沒，使他最後還是餓死街頭。

低利貸款掩人耳目　積欠利息金蟬脫殼

現代的鄧通們聰明得多了。他們不向政府要求私印鈔票的特權，而只慫恿政府銀行去大批增加貨幣供給，用極低的利息來貸款給他們，由他們去使用以購取財貨。其結果也同樣的能以非從事生產所獲的新製貨幣來攫取別人生產的結果，而他們卻避免了觸犯刑法的罪名，往往他們一筆低利貸款，就遠遠超過漢朝鄧通一輩子可能鑄造的錢。至於他們因此積欠銀行的負債，他們另有一套「金蟬脫殼之法」來解脫。（註二一）

關係企業有關係　親如兄弟明算帳

在開發市場中，業者自四面八方與外界客戶接觸往來，社會上常稱某公司為某大企業的「關係企業」，又指某名人之「關係企業」廣大，業界傳來傳去，誰也弄不清楚。其實，公司就是公司，公司間彼此須保持應有的立場，所謂「親兄弟明算帳」，要小心被拖下水，因此不可忽視徵信調查工作。

民國六十年（一九七一年）是工商界發展初期，當時公司法規定營業項目限制很嚴，都載明公司執照中，不得逾越項目經營。實際做生意，任何產品只要可以賺錢就去賣，為了生存什麼地方有發展空間就會去，如規定死營業項目，公司難以發展，致遭僵化窒礙難行。

有了牌照求生存　發展客戶有希望

公家和民營機構採購物料及工程招標，都要先審查業者營業證件正本，所以公司執照常在外勤出差員工手中，而稅捐處管區人員不時來設立公司地方查核，且要求公司執照等應掛在公司內，算是合法經營，因經營項目缺乏彈性，不敷生意人經營需要，同業們被逼只好另行加申請公司牌照備用，所謂主牌公司一套人馬，管理副牌公司二、三個（必須有公司設立位置、每月領統一發票查核、年終會計結算申報，人員費用倍增，業者苦不堪言）。

招攬客戶先合法　關係企業拉關係

多年前當社會經濟已日益發達，人民口袋中有錢，很自然想休假出國旅遊，只有有資格的商人出國考察，由經濟部審查核准外，其他人無法出國。於是各大旅行社動腦筋申請公司，以業務經理資格出國招攬旅客生意。

實際上原因很多，僅列舉二則，據報刊台北市公司行號之多，每十五家即擁有一家公司，董事長、總經理滿街跑。有同業公司在安東街另設有副牌公司，有一次當地稅捐人員來查核說：「公司執照未掛出來，虛設行號，叫你們公司負責人來稅捐處。」該公司人回答：「營業證件一定要掛在牆上，不能做生意，你來我公司早已沒有人開門了。」好在以後營業項目放寬為買賣業。

現在公商界已高度發展，上市公司之多，中小企業成長之快，市場趨向多角經營，經營運作複雜，主管官署監督管理難度更高。許多公司老闆很少知道有「關係企業」規範，不出事說好聽的話，資金、人員互為支援，如有權的領導人居心不良，無章操縱處置不當，利益輸送權責不分，致公司不穩，危害社會。如何規範公司間有彈性，而能有正常的權責效果，確是當前得研究的發展重要課題。

註一：實用稅務出版社，《公司法及關係法規》。

註二：蔣碩傑著，《台灣經濟發展的啟示》，一二三頁。

第三章 開發市場

建立產銷關係創造利潤

錦囊十六、企業須積極開發市場創造利潤

錦囊十七、溝通與調和協助共創美好的明天

錦囊十八、「經驗」是開發市場的強力後盾

錦囊十九、企業須在競爭中求進步

錦囊二十、開發市場要培養靈活有公司立場人才

錦囊二十一、多一分向心力，多一分競爭優勢

錦囊二十二、「行中求知」—— 開發市場的最佳利器

錦囊十六、企業須積極開發市場創造利潤

如前所述，企業經營實際上等於每天都在創業，因為處於不確定的時代，開發市場、創造利潤更必須戰戰兢兢，時時掌握市場變化；而唯有開發市場才能創造利潤。市場沒有固定的面積和深度，但只要能小心地走過崎嶇小徑和萬丈深淵，前面就是一望無際的平坦大道。

所謂商場如戰場，惟屬於不流血的戰爭，而開發市場應不怕競爭，因為有競爭才有進步，有進步就是贏家，只有深具經驗者才知道如何挖掘寶藏，找到通往成功之路。

行銷商使本領促進交易　順利完成產銷供求關係

市場是唯一可以創造利潤的地方；開發市場是企業求生存、求發展的一種活動；而拜訪客戶則是一場優勝劣敗的表現。中間商提供產銷雙方交易效率與服務，因此需要有大量的信息和各種行銷的方法，才能滿足產銷雙方，進而產生績效；加上中間商必須把貨源產地的產品銷售出去，所以得建立與產地貨源之關係，設法找到最便宜，且品質最

好、服務最佳的產品，銷售到買方（業主）手中，並負責將貨款付給產方，建立雙方良好的關係，創造利潤。

業主（客戶）因生產線和工程中，都需要物原料及技術服務，因此中間商要有能力依客戶的需要，提供適時、適地、合規格之貨品，並即時解決客戶的困難，贏得客戶的信賴，這是件很不容易的事，需要有相當的管理本領，並須能掌握市場的動脈，且還要有積極負責、服務客戶的能力，才能共同創造經濟效益。

開發市場人爲先 合群共處力量大

農業社會須是以時間換取金錢，今日的工商社會則是不惜以金錢來換取時間，創造契機。企業界以今天的努力創造明天，有了明天就等於有了活力，而企業管理便是實踐現實的具體表現。

開發市場講究供求關係，產銷雙方的接觸都是以人為先，人與人的相處充滿了合作機會，因此經營者除了展現能力外，更應積極爭取業主的信賴。凡人屬於呆板、孤僻或不合群的個性，即使給予再多的機會，也好像福氣裝不進小口徑的瓶子裡，因此我們需要友善和具親和力的人，才有助於與業主產生共識，創造巨大合作量，如此發展事業也才能無往不利。

正面態度吸引業主 合作力量成功加分

企業的行銷精神，就是要追求產銷雙方的合作力量，下面將舉一個例子來說明。假設：

甲公司本身能力百分之五十加產銷雙方合作力量百分之三十一等於總成功率百分之八十一（成功）；

乙公司本身能力百分之六十加產銷雙方合作力量百分之二十等於總成功率百分之八十（失敗）。

由以上可看出，乙公司難免會質疑自己的能力比甲公司強，為什麼會爭取不到生意呢?那會知道是由於合作力量的不足，導致成功率只有百分之八十，就此敗在競爭對手手中；反觀甲公司則因多了一個百分點的總成功率，而成為一家成功的公司。因此做生意成功與否，有賴於關鍵性的客戶合作力量，不容忽視。

想要創造合作力量，首先須以誠懇的態度面對客戶，這樣通常可以得到正面的回應，且有時更會在其中自然而然地透露出商機，無形中得到幫助。所以經營者應調整自己的個性，扮演好自己的角色來迎接人與事，千萬不可固執地背離人氣，成為一個無福的收受者。其次，因為合作力量來自於包含上、中、下層的整體，所以經營者應營造良好的人際關係，使自己充滿活力，讓產銷雙方認為你是個好幫手，期望與你成為朋友。

最後，應尊重客戶，並顯示你的企業文化，讓其發光發亮，只要客戶認為你有責任感與旺盛的企圖心，可以穩健持續的經營，值得給予支持，便會助你一臂之力。

顧客象徵衣食父母　市場好比珍貴沃土

顧客是公司最重要的資產，拜訪客戶或接獲客戶來電、來信、來人，都是非常寶貴的的接觸。企業想要瞭解市場的需要，以與客戶面對面的溝通效果最佳，可因此帶來商機，促進雙方的合作機會，並得到很大的助力，所以我們常說顧客等於是企業的「衣食父母」。顧客不會依賴著企業，而是企業依賴著顧客；顧客也不是爭論或鬥智的對象，因為沒有人會贏一場與顧客爭論的勝利。

市場是經營者在世界上最肥沃的土地，只要經營者勤奮地耕耘開發，就會生產物美價廉的產品；因此一旦建立了市場顧客，就會創造豐厚的利潤和績效。市場沒有面積可言，也不為某人所專有，但卻有著崎嶇小道和萬丈深淵，唯有聰明的經營者絲毫不懼。

以往在台灣南部，最好的農地可以一年三收，但經營者活躍於市場中，卻可能一月三收，甚至一天三收，因為市場是擁有特殊神功的地方，爭取合作的巨大力量，是企業家發展事業的絕佳處所。

市場上演攻防戰　貼心客戶凱旋歸

開發市場所要做的事及其蘊藏的精華，包括以下四方面：

市場

一、是創造利潤的唯一來源地，所以應爭取交易，挖掘寶藏，把產品變金錢，企業才能在獲得利潤後有所興革，增強茁壯。

二、是獲得資訊、商情，並營造產銷雙方機會的地方。

三、是研究供求關係，調查市場同業、貨源、新產品的地方，也是須積極收帳的地方。

四、是同業競爭、打攻防戰的地方。

客戶

一、調查有哪些好的客戶？它的困難與需要何在？如何協助解決？便可爭取並創造合作機會，提高經濟績效。
二、是創造企業文化，與客戶溝通調和的地方。
三、是在客戶面前展示新產品、舉辦說明會、展覽會、技術服務的地方。
四、是爭取國內外客戶、朋友、社會關係，創造合作力量的地方。
五、是銷售、提供技術與工程服務、謀取實績與經驗、樹立信譽的地方。

專業知識本位　服務客戶第一

產品專業知識

公司培訓業務人員，須了解相關「專業知識」，才能提供客戶服務：

一、產品知識是指：以客戶使用該產品時的機能為中心的知識。
二、商品知識是指：以客戶使用該商品時的效果為中心的知識。
三、商品效用知識是指：滿足使用該商品者的價值感之機能與效果。
四、包括相關產品使用操作、裝配、化學反應調配等事宜。
五、除了交貨包裝、運輸，並應告知買方進貨庫存預防保養之道，期能保持原有的經濟價值。

六、提供各種印刷產品說明、技術資料、產品標示，或以口頭提醒客戶應注意的事項。

七、業者須盡可能追蹤已出售貨品的庫存狀況，以及客戶現場正常使用的效果，以期客戶所付價款能產生效益。

研究與發展

一、就市場而言，除了公司本身研發新產品外，業務人員到市場、客戶處，即是商情的情報人員，須用敏銳的眼光蒐集商情；企業界中有擁有先進設備、原物料者，也有落伍者，應互為觀摩，吸取精華，提出可行方法，創造商機，創造利潤。至對企業研發、創新、轉型、公司升級、投資設廠，甚至開發、拓荒市場，都與市場客戶息息相關，為開發市場所需的努力。

二、台灣地區之研發經費，據經濟部二〇〇〇年九月公布自一九九九至一九九八年資料來看，國內研究發展經費有逐年上升趨勢，十年來成長了三倍，占國內生產毛額（ＧＤＰ）由百分之一點三九提升為百分之一點九八。其研究經費數字政府佔占六十九億元，民間投入一百〇八億元，合計為一百七十七億元（約合美金五億七仟萬元）。

在不景氣下經營者備受艱辛，渴望花最小的心力，創造最大的成果，如何把有限的研究經費，有效的運用才是課題。今天的老闆必須先有新的思維，肯提撥經費從事研發工作才有希望。從人員網羅、研究項目選定，所須器材和市場調查之支出，都應有計劃和管理，不斷檢討才能發揮產生經濟效益。

三、市場調查研發獲得寶藏「行中求知」取勝

實例一、民權葡萄酒廠研發市場，起死回生的故事：

有大陸著名費孝通教授指導，主要為介紹中國大陸八億農民「鄉鎮企業」興起故事。他說十年來親眼看到、親耳聽到，一樁樁動人心魄的事情，費了多年心血走訪，他把「鄉鎮企業」全國分為七大模式，這裡所講的是其中之一「民權模式」，即是河南省民權縣農民主要以生產葡萄為生，位置在故黃河道上，在罕見沙荒和鹽鹼地上，俗稱「大風一起，刮到犁底，大雨一停，溝滿壕平」非常惡劣的環境下，種葡萄的面積有三萬五千畝地，農民每年所生產的葡萄均交縣內唯一的公營葡萄酒廠收購，一九八二年適逢酒廠滯銷，裝成的紅酒堆積庫存，至無財力收購葡萄，該年葡萄成熟時，陰雨連綿不停，農民將大量生產葡萄之交貨車隊，在縣城排隊好多里路長，最後不少葡萄只好白白爛掉，盲目生產造成葡萄王國損失災難，民不聊生。

酒廠得到痛苦經驗的教訓後，發奮夜以繼日開會要研發找出路，要確立市場信息。一九八四年民權酒廠揭開了市場競爭的序幕，深深體會沒有市場就沒有企業興旺，決定調派能幹人手組成八個考察組，分赴全國十九個省市，行程共有一萬兩千多公里，調查訪問兩百五十家煙酒公司，目的進行市場調查，為爭奪市場。因此次努力後該廠不但在國內市場聲譽很高，而且遠銷亞、非、拉丁美洲二十多個國家地區。群策群力，成果輝煌。（註一）

實例二、研發金融證券市場資訊收集，進軍紐約華爾街取經的故事：

好友孫君長期研究產業分析及證券投資頗具心得，近日承他告知在二〇〇〇年六月下旬赴華爾街金融中心取經過程摘錄如下：透過美國友人轉介委請紐約市區最有聲譽中國餐館負責人，代為邀請其常客中任職ＪＰ摩根、索羅門美邦、偉勃等出名公司顧問餐敘，彼等皆為從事金融商品之台籍留美專家，經暢談美台兩地最新財經動態與股匯市漲跌現況；或因海外遇鄉親格外親切，旋即應允安排分赴各家公司參觀請益討論，深入知悉美國金融商品多元化與自由化，特別對於避險、套利、風險管控、稅率、境外投資信託等印象新穎深刻。

僅一週時間內，在建立嗣後資訊來源與開啟投資管道上收穫豐碩，返國後亦邀請美方派遣顧問至台北舉辦投資海外商品說明會，以獲取美國最新產經研究報告，掌握各項商品銷售與獲利率趨勢，憑參考適時調整國內外投資標的，求取最佳報酬，以求收集資訊正確，達到事半功倍的效果。

實例三、匹歐匹公司是小而美的公司，產品知名度大　進軍世界市場成功的故事：

經營公司不在大，小而美會賺錢最重要，台灣有一家匹歐匹公司是塑膠加工業，也是最傳統的真空成型業，但該公司卻發揮了自主的創業精神，突破傳統的塑膠加工代工的刻板印象，將〝知識經濟〞概念實際引用到產品上，創造了成功的奇蹟該公司的主要產品有二：

一、全國第一家專業化立體卡通年曆

該公司於民國六十九年成立，原來代工生產泡殼包裝、便當盒等產品，經營的非常辛苦，後來不斷的研發提高技術水平並首創立體卡通年曆這項產品，並陸續購買世界知名卡通版權如迪士尼、SNOOPY、維尼熊、HELLO KITTY、小叮噹等，該產品不但有年曆功能而且可當房間裝飾品，推出之後創造銷售旋風目前不但全台灣百分之七十家庭有該項產品，全世界三十五個國家也非常風靡。

二、專業性的立體人體解剖圖

過去醫院都掛著紙張印刷的解剖圖，但匹歐匹公司卻向世界知名的美國ANATOMICAL CHART COMPANY購買版權，並簽下O.E.M及O.D.M合約，生產全世界第一張立體人體解剖圖，目前美國、瑞士、日本、法國、德國．．．等先進國家很多大藥廠如輝瑞（PHIZER）、羅氏製藥（ROCHE）、諾華（NOVARTIS）、必治妥（BRISTOL-MYERS SQUIBB）、武田製藥等，均透過代理商向該公司購買解剖圖，該公司已成為世界最大的立體解剖圖供應商。

匹歐匹公司的總經理林國清先生表示，尊重別人的智慧財產權，雖付鉅額權利金仍是值得的，也是在市場上必勝的法寶。

世界如同地球村　洞燭機先決勝負

在今日不確定的時代裡，通訊之快捷有如人之耳目，使得世界變小，已到了分秒必爭的地步，一個訊息、一個壞消息進來，誰能及早獲悉、掌握商機，及時調整市場策略，就能決定勝負。

舉例來說，公司老闆在國外發現一種產品與其公司的產品相似，品質又好，價格也便宜，回國後難免寢食難安，因為一旦外國便宜貨進入國內，在市場激烈競爭之下，公司產品勢必很快地敗陣下來、難以生存，公司前途也會隨著馬上變天。所以隨時注意世界信息變化，已是企業的日常功課。

又如公、民營的大型投資工程計畫、公共建設等採購案招標事宜，內容複雜，藍圖又多，標內物料的規格、性能皆有原先指定的廠牌，想要爭取生意的人，若能早一步獲得訊息，就可提早尋找器材、同等品，並安排施工人員等，以防國內外貨源被同業控制或搶先訂貨，這些都需要時間來安排和準備；只有傻瓜才會在沒有商機下做生意、承包工程。

看病也得趕時間！

現代人生病時總希望到設備好的大醫院，找好的醫師診治，而目前各大醫院根據規定二週前方可開始預約掛號……下面將以此提出一個關於掛號分秒必爭的故事。

台北市有許多現代化的大醫院，論設備、醫院，都可說是上上之選，因此對病患來說，堪稱幸運；但由於門診掛號多改用先進的語音掛號設備，年紀較大的病人總較難以適應。門診醫師對於每天的掛號人數有所限制，所以病人看病時最擔心的是能否爭取到門診掛號；從早晨六點鐘開始，便展開了電話掛號的競爭，許多熱門的科別通常在預約第一天的不到半小時內，就已掛滿人數，可見人的生病也須管理和經營。

開發費用不可少　經營效果才會好

在客戶面前為促進交易成功，難免要花費先期費用，有的可收立竿見影之效，有的則須依年度分期承擔。面對客戶時，經營者應先伸出友誼之手，保持和善的態度、禮貌，除了因之難免產生的小花費外，還須花時間去培養關係，包括印刷精美產品說明書的費用、示範用品的費用、電話與差旅費用、國內外參觀採訪費用、與客戶間的人情世故、急難相助……等皆是，不勝枚舉。這樣對待客戶的良好表現，就等於把公司的企業文化、個人感情存入銀行，期待日後的回收。

註一：牛津大學1994年出版，《中國鄉城協調發展研究》

錦囊十七、溝通與調和協助共創美好的明天

開發市場中，人與人、公司與公司，都需要經常地互動，若彼此間有困難，經溝通後即可調整自己的看法，轉而為他人設想，產生共識，繼而想出討論原則，然後雙方人員在各個專業領域共同探討、研擬可行的辦法，付諸實施，並檢討改進，確實做到化解阻力、兼顧雙方權益。

添點潤滑油　和氣又生財

在企業經營的過程裡，每一件成功的事都少不了「溝通」與「調和」，這兩個因素不僅可以促進公司內外彼此的瞭解，並可凝聚各方力量以達共鳴，因此是人與人之間創造明天的希望。溝通，就是化解誤會，增進瞭解；調和，則是考慮雙方的立場和權益。古人說：「天下事要政通人和」，就是要藉由大家的力量和意志，達到眾志成城的目的。

汽車引擎缺乏潤滑機油便會產生高溫，溝通也是如此，在人與人間的情感交流上，

扮演著潤滑油的角色，可減少雙方磨擦。我國做生意最講究和氣生財，歐美各國也重視公共關係，可見市場中人的變數最大，不可忽視。

開朗合群人格　前途暢行無阻

在科學群眾的時代中，美國非常重視人的社會聯誼活動，一個人的人際關係良好，可說是無往不利。筆者從前的鄰居林先生，是從美國賓州回台的開業牙醫師，曾提到他的小兒子在美國唸高中時，十分貪玩，因此學校成績不好，想以僑生身份回台享受念醫學院的優待；但在之後的一個暑假假期，他的小兒子回台渡假，卻表示已獲加州柏克萊醫學院錄取，林先生疑惑地問道：「你這種料子還會有什麼好的學校可以念呢？」他的兒子十分激動地回答：「別小看人！」

原來，校方曾調查醫學院畢業生的就業情況，發現他們用功有餘、活潑不足，導致與病人溝通不良；因此林兒申請學校時，依規定由高中老師寫推薦信，交由學校評量。信中提到林兒非常開朗，在校時曾參加各種校方的社團活動，人際關係良好，十分合群等等，因此校方決定錄取。校方的目的是想要利用林兒的活潑和親和力注入醫學院，希望所有的畢業生進入社會就業時，能與病人溝通、做朋友，否則縱使有好的醫術病人卻不相信，或開出最好的藥方病人卻不願配合服用，也是徒勞。於是，林兒就憑著他的開朗人格，以及能帶動人們合群的能力，被校方看重而錄取了。

互助往來定律 生存發展必備

美國著名的衛斯理女子學院，在一九九三年徵選校長時，全美共來了一百位的校長候選人，最後由哈佛大學教授王岱安（Diana Chapman Walsh）雀屏中選。王岱安說：「我把生活的觀點活生生地帶到校園，在衛斯理中營造了和諧的氣氛，學生在完全健康、完整的環境下成長與學習；出了校門後，學生們與社會的融合性自然相當強，且也表現得很活潑。」該校培育出許多的知名人士，其中包括美國前任第一夫人希拉蕊，和中國的宋美齡女士等傑出校友。（註一）

佛光山星雲大師禪語第一輯「互助、融合、發展」中也曾提到：「宇宙人生，絕不能孤立而存，也不能單獨而生。人與人，人與心，人與事，人與物，人與時空；重重交疊，互為因果，則吾人之間『互助』往來定律，不難明瞭。」（註二）

伸手不打笑臉人 罵人罵出感情來

企業經營中，如果常與對方溝通與調和，誤會一定會減少，因此它是人與人之間共創明日的希望。以下將舉一則「罵人也會罵出感情來」的小故事，供讀者參考。

多年前，某大國營公司為了執行國家開發石化工業區的計畫，擬在苗栗頭份建廠，其所遭遇的最大難題，要算是收購建廠用土地的工作了。收購土地牽涉到地主家族之整合，但如何集合散失的家族呢？又如何集中大家意志坐下來細談土地徵收買賣？不要說外界插手，就連家族內部財產如何分配，恐怕都難以擺平。據聞該項收購土地的特殊任務，是交由一位肯負責的主管辦理，其為人誠懇、奉公守法，從夏天到冬天，終年收購土地、與地主打交道，十分辛苦，據悉每次訪問地主，除了有部分交通堪稱便利外，其餘均另須步行爬山一到兩個小時，面對總計數十戶的地主，他不知走了多少路，且為了說服並公開調查地上物之賠償，起初跑了十多趟都遭到排斥挨罵，但在他的耐心、細心下，仍一直默默努力地工作。

善用溝通與調和　完成不可能任務

在民國六〇年代（一九七一年），一般台灣老一輩的地主非常保守，不願出賣祖產，但由於這位主管誠懇、負責的態度令人感動與尊敬，在訪問地主十多次之後，終於打開了地主溫暖的心，獲得了地主的諒解及其茶水招待，但雖然天氣酷熱，他也不輕易接受；可見人真是有感情的動物。他繼續一本初衷地以笑臉商討，並尋找分散各地的地主，三邀四請地希望大家能一起坐下來「溝通」。據說到了後期，地主變成朋友，會聚一堂商討，幫助該主管完成收購土地的手續。

本案拖了多年，主管也跑了數十趟，原先負責的土地開發公司及相關銀行經辦人員早已更換多次，以後之核發土地價款，只有這位主管手中的原始資料最為詳盡，他常不眠不休地回家整理相關土地資料，使得日後包括地主等各方面都最相信他，他付出了極大的心力，完成了公司交辦的任務，同時證明「溝通與調和」功效之大。因此，我們企業經營中之交易，雖然牽涉雙方的權利與義務，但如能善用「溝通與調和」，一定會有很大的助益。

註一：卓越雜誌一九九七年二月號，一〇九頁。

註二：佛光山星雲大師著，《禪語第一輯》，二三八至二四〇頁，互助融洽人間境土。

錦囊十八、「經驗」是開發市場的強力後盾

世上努力從事生意的人很多，大家都希望能成功賺大錢，但企業除在內部強化管理外，開發市場時面對複雜的人、事、時、地、物，須有強力的組合，才能發揮整體的效果。所以一個成功的生意人，皆會講究實務、重視經驗，這才是成功的原動力；有了經驗，自然可創造財富。

依經驗可創造財富　是成功的無形力量

如前所述，營利事業就是要創造利潤，而唯有開發市場，才有利潤。然而，市場沒有固定的面積與深度，只有深具經驗的人，才知道如何挖掘寶藏，找到通往成功的道路。

當然，這過程中所花費的時間與心力，不是三言兩語就可以說清楚的，最怕的是經營者缺乏經驗，貿然投下許多心力與血汗、時間和金錢，結果卻一點成效也沒有。總之，商場中若缺少了經驗，僅僅依靠優秀學歷與若干資金，不見得能發揮經營效益，所

以做生意首先應求取經驗。經驗是世界上最寶貴的東西，有了經驗，就有了辦法，也找到了捷徑，能夠創造財富、獲得報償，否則只能用更多的心力和歲月來換取了。幸運的是，現在將把實務經驗呈現給讀者參考，希望藉此達到事半功倍之效。

求得經驗四來源　虛心學習用處大

有經驗的人做生意，凡事都有充份的準備，所以估價較周詳，可取得較低的進貨價格，找到理想的貨源，並可因此找到較好的工人，使進度順利進行。舉例來說，好比在旅行途中，汽車開到懸崖峭壁或山徑，乘客就會希望駕駛員是有個經驗的人，且對路況十分熟悉；生病須就醫時，也希望能找到具有豐富專業經驗，且能診察入微、掌況病情、對症下藥的醫生，使病人生命有較大的保障。

生意人的經驗來源來自四個方向：

一、得到老闆的薪傳：在老闆的嚴格訓練下，員工以艱苦不懈的工作精神，過著簡樸的生活，且對客戶秉持著誠懇負責的態度，以建立高度的信用。不僅如此，也可學習專業的知識、做人做事的道理，以及危機處理，所以徒弟出身的人，做事最容易成功，在筆者的朋友中，也有多位基層出身的人，現在是優秀公司的董事長或總經理者，比比皆是，且成績斐然。

二、由客戶取得經驗：勇於接受客戶批評，從鞭策中取得的經驗，最為可貴；因為不敢馬虎，因此可得到客戶的啟示，促進成長，並幫助業者精進，創造績效。

讀書：投資最少獲利最豐　吸收新知掌握未來

三、從書本吸取經驗：除上兩項外，也可從有用且相關的書本中吸取經驗，以及各種相關的專論和信息。以下提供一則小故事，供讀者參考。

有一天，一群同好共赴郊外特定地點賞鳥，大家正在辨別樹上各式各樣的鳥時，其中有個小孩忽然脫口而出正確的鳥名，令在場大人瞠目結舌。後來才得知，原來小孩的父親已經先買了一本鳥類識別的專書給他研讀，讓人不免感嘆真是「有志不在年高」。

企業家陳茂榜曾提及：「如果以經營企業的觀點來說，『讀書』該是一種投資最少、獲利最豐，而且不須冒險的事業。」（註一），錢穆大師也曾說：「普通書十本去讀一遍，不如有一本好書讀十遍。」讀書能充實內涵，吸收新知，掌握未來。（註二）

四、開發市場行中求知：開發市場首重行銷，能以行中求知的方法吸取經驗，實在難能可貴。對於陌生市場，其中的人與事、產品規範、性能、市場行情變動，除已獲得各種資料參考外，遇到商機來臨時，更要儘速抓住，而壞消息來臨時，也要儘速撲滅，這些都要利用行中求知，逐步研判演進，從吸取經驗中創造利潤。

註一：李鴻著，《中國企業家名言》，一二二頁，聲寶企業集團前董事長陳茂榜。

註二：商周出版，《李敖回憶錄》，九十四頁，節錄李敖向錢穆大師請教治國學方法。

錦囊十九、企業須在競爭中求進步

企業有競爭才有進步，且從競爭中追求生存。當自由化、國際化的來臨已成為不爭的事實時，企業無不希望公平理性地競爭，而企業追求競爭力的目的，就是在追求自我的成長與發展。想要擁有追求競爭力的基礎，即須架構在一個開放、法治且有秩序的社會之上，經營者有此基本環境，就會賣命地創造物美價廉的產品；儘管競爭的結果導致優勝劣汰的局面，但對社會整體來說，卻會帶來進步。現代化企業講究一切為市場而競爭，所以格外重視企業管理與市場行銷，希望從行銷中找到好的市場與客戶。（註一）

「業」競天擇，適者生存

王永慶在其著作——《追根究柢》中表示：「談到經濟發展的定律與企業管理的秘訣，只要經濟發展尊重市場機能的原則，企業管理注意人性管理的問題，企業就能在自然競爭的環境中，以良性循環的方式，不斷的成長與發展，國家整體經濟也必能在穩定中成長。」

人們為自我的生存而追求發展，透過市場的激烈競爭，產生了優勝劣敗的局面，無法接受市場考驗的業者唯有另謀他途，這是不變的生存與競爭法則，所以經濟問題，必須依據市場原則來運作。

勤儉美德我固有　經濟發展經營好

台塑集團在考察美國市場後，深覺美國經濟問題最大的隱憂，導因於許多美國人民已經普遍過慣好逸惡勞的生活，開國時期那種開疆闢土的拓荒精神，則已喪失殆盡。

台灣以往四十年的經濟發展，主要原動力來自於國民勤勞節儉的美德，如今經濟發展至目前的規模，雖然已小有成就，但在西風東漸的影響下，我國國民的美德卻漸漸地失去了，這便是我國經濟未來發展的隱憂；且由於我國屬於海島型經濟，資源缺乏，以外銷為主，一旦失去經濟發展的原動力——勤儉，我國經濟必然加速退化，步上美國經濟衰退的後塵。（註二）

相同——力爭求勝　相異——追求獨佔

辦事著重效益，因而決定了企業生存的命運，也就是競爭的結果——優勝劣敗，所以經營者須把人與事組合成團隊力量，並要不斷地努力以在時效上競爭、成本上競爭、品質上競爭，與客戶建立良好關係，以利開拓市場、產品佔有率，增強員工訓練與團隊力量。

石滋宜著《有話石說》競爭是求生之道：

一、與人競爭：企業如果想求生存就必須和別人競爭，唯有競爭才是求生存之道。和別人做同樣的事，就要與人競爭，同理，市場中同樣的生產，產量就須比別人大，成本要比別人低，品質要比別人好，一切超越別人。

二、和別人做不同的事，不和別人競爭，就要能追求獨占性或整合性價值，例如創新特殊功能、方便、舒適，提供了獨占產品價值。（註三）

陳輝吉說：「市場之競爭，經營者就是創業家，必然為市場活動而生，而在自由競爭市場制度下，經營者必面臨無數市場競爭，贏得市場競爭方能有成。」（註四）

因此筆者有感於企業求生存之道，最可貴之處便要能到市場中創造商機，並與客戶營造合作的力量，以達競爭的最終目的——獲得利潤。

註一：天下文化，《書的天下》，第四十期。
註二：王永慶著，《追根究底》。
註三：石滋宜著，《有話石說》，一三四頁。
註四：陳輝吉著，《創業家》，二三四頁，市場競爭。

錦囊二十、開發市場要培養靈活有公司立場人才

中間商（買賣、貿易、服務業和工程技術等）在整體市場上的涵蓋面最廣，也最具代表性，因其活動從市場推銷、行銷，到奔走產銷客戶之間，交往頻繁，商機最大，可與客戶直接接觸的機會也最為可貴，當然，所需市場人才的能力與智慧潛能也最大，所能學習的東西相對地也最多。如此一來，打滾其中的人便可充分掌握市場的信息和動態，且常可在臨機應變之下掌握了商機，並獲得捷足先登、得天獨厚的機會，而這些在市場上身經百戰的經營者，也可說是在製造未來的企業家。

用人如買車　但求貼己適用

經營者歷經創業、經營管理等過程，對於各個發展階段的用人方法，其中以任用開發市場人才，體會較多。公司用人先要知道本身公司的性質是什麼?需要什麼樣的人去幹活?又怎樣幹活才有效果?總之，要用靈活的人、有用的人，還要會顧及公司立場、

積極負責的人；對於個性孤僻、態度傲慢、生活腐化、敷衍塞責、不守信用的人，均不宜用。

以下將以生活化的例子——買汽車，來說明用人之道。公司如因工作所需，得常常跑地面凹凸不平的郊外工地，就應買底盤高且紮實的車款；若因業務需要，得常常陪伴客戶上高速公路，拜訪各地、參觀工廠，應買馬力大的大型房車，較為安全舒適；如係個人或小家庭之用，則以德國國民車（小金龜車）等，最為經濟實用。由此可見，買車子是按實際需要為主要考量因素，不是光有漂亮外表的車子可以替代；當然，若是論及公司用人，那就更顯得重要了，因為開發市場全得靠人才。

引進千里馬　培訓生力軍

公司如果考慮添加新人，對於到底應該聘用什麼樣的人，公司內部宜先做好溝通，取得共識；惟其一般的看法有：

一、應對新人的所學與人品、健康與容貌、出身，先做瞭解；

二、公司應培養其誠懇勤勉、積極負責的工作態度，且應注意其個人的財務狀況穩定與否；

三、新人應專精學習公司產品，了解客戶關係與市場情形；

四、新人應融入公司企業文化，主動蒐集商情，可獨立作業，並爭取商機。

公司如欲培訓適用的人，需有進程和時間來養成；經由培訓中選拔與淘汰人才的過程，才能獲得公司心目中理想的人才。人才是公司的資產，花在人才上的錢等於是投資，屬當用之花費，不能任意節省，尤其是中小型公司最缺乏人才，更應慮及有了人才才可開發市場，公司也才能因此有所發展，所以選擇人才應衡量質的需要，而不是只在乎量的多寡；用人也好像人的面孔五官一樣，缺一不可，如能以一當十，更可達到事半功倍的效果。

靜態養成新人　迅速進入狀況

一、**新人試用期**：各個公司有不同的試用人才方法。筆者之前經營的公司，人少、事多，且不斷地快速升級，接觸面廣且客戶分散，工作內容包括銷售、技術服務、工程管理國內外總代理與企劃等。在這種特性下，公司不希望叫新人馬上埋頭做事，而是採取將新進人員留在公司內部的方法，靜態地讓新人多聽、多看，吸收公司內部概況，使其能在短期內對公司整體活動走向有大概的了解，將一個普通人塑造成有企業文化的從業人員。

在新人進入公司兩個月內，先向他們介紹公司沿革及成長原因，以及相關產品性能、規範及用途，大部分時間裡讓他們在公司用眼睛觀察同仁活動的情形，用耳朵傾聽同仁如何接聽電話、如何接待來賓、公司內有那些管理規定，這些都是公司企業文化所在。因此，新人在靜態培訓下能很快的進入狀況。

識途老馬帶路　重服從不置疑

二、**實際參與期**：新進人員除了已有的專業講習外，也要靠老同仁帶上路，擔任具有豐富經驗同仁的助手，跟著專人進出市場、認識產品和客戶，在可說是「處處是活動教室」中小企業新進人員只須在指令下執行工作，無須對工作有所懷疑，訓練重點即是培養服從性，從工作成就中體會一切，這樣一來，今後公司內部所交辦的關鍵要事，也較不易出錯。公司在市場中的許多事情，是從失敗中換取經驗的。例如較小事：出貨、選什麼天候、什麼時日到那一家客戶較適合？開車應走那一條路最好？怎樣收帳才可收到？再說較大事：市場同業之競爭其方法與手段各異、進退與策略之掌握，都要小心因應，是平常經驗提煉出來的結晶。

商場上開拓有時候在競爭下，明暗兩面業者不易察覺，必須有高度敵情觀念，反應要敏捷，新人上路公司一定要先培訓，武裝公司企業精神，不可空手赤拳上戰場，非死即傷。下面講個電視畫面故事：在電視中看動物世界，獅子如何教導幼獅覓食，待幼獅半大後，由老獅子出去猛烈攻擊羊、花鹿等動物，先追咬牠半死，再拖回洞口附近，讓幼獅一擁而上，又咬又拖實地培訓，如此反覆，幼獅攻擊力日大。

基層獨立作業　主管健全骨幹

三、**培訓獨立期**：當新進人員在職培訓一至兩年後，一般工作大致上都已經熟悉，再來便可訓練其獨立作業，以加強其責任、發揮其潛力。由於中小企業在市場中的每一件工作，客戶都期望能有一位專人全權負責至完成，否則放不下心，因此從業人員應充實專業的本領和積極負責的態度，並能代表公司的企業文化和立場。業務人員須在市場客戶中隨時秉持「行中求知」的虛心態度來學習，如此便可獲得最多的信息，當然公司當局也應重視並珍惜其所見所聞，以利公司運籌帷幄之用。

四、**選任主管期**：公司內部營運的架構，通常採管理、技術、業務三方鼎立，適當選任部門主管級人員，才能架好公司的主要骨幹。如以業務經理單一主要工作來分析，先要瞭解公司內部組織之功能及運作、認識產品、研究市場供求，之後並應對公司的往來客戶有百分之五十以上的熟悉，以求知己知彼、互助互動，並因此贏得好評；此外，亦應積極開拓市場，以促進產銷雙方關係，思考如何運用企業活動組合的力量，營造公司的團隊精神和競爭力。企業活動的定義：「企業活動本身即是冒險，因為它就是運用現在的資源於未來的可能。企業家就是推動冒險活動的人，企業求的報酬就是冒險的代價——利潤。」

善用內部資源 培訓十項全能

據台灣中小企業協會名譽董事長李成家指出：「中小企業對自己的行業最內行，也最知道內行人在那裡、有什麼不足，因此自己須懂得互補，如企業內部資源應充分利用、提升，而外部資源也要善加利用。且須預測競爭環境的變化，光靠埋頭苦幹是沒有用的。」

公司能善用人才潛能，使其充分發揮，即可產生組合經營效果，這絕非大公司、大單位內單純的分工可比擬，所以公司知人善用最為可貴，這是開發市場中收益最多，所付心力也最大之處。

員工的「學歷」在專業或高科技領域固然重要，但在一般企業中，絕大多數公司重視從業人員的「能力」，希望任用有能力做事的人，能配合市場和公司需要，且富有誠懇積極的工作態度，可發揮公司企業文化，以利公司發展，並能克服經營中的艱苦歷程，因為在市場交易中難免會受點委屈，如係富貴子弟或帶有驕氣者，就較不易培訓成功。

人才各展所長　生意功德圓滿

與客戶洽談生意，是行銷人員組合的重要表現，也是一門學不完的大學問，不但對內須創造有利的效果，對外亦要爭取客戶的認同和合作。中間商派人到客戶那裡從事開標、比價、議價等交易活動，不僅須有市場經驗，還要事先準備充分的資料，知己知彼之後，在市場客戶間才不至於懼怕。

有一次筆者服務的公司須派出二人去客戶處參加一次重要交易的比價工作，於是先將二人的能力分析如下：

一、A君：外表出眾，有禮貌、具親和力，深得對方好感，與客戶談生意時擔任開場白最合宜，但正式進入談生意的過程時，尚無足夠經驗可以應付。

二、B君：富有談生意的經驗與實力，但不擅與人客套，對產品具有豐富的專業知識，了解客戶需要，不論技術、業務皆有一套，並能發揮企業文化、代表公司商談。

公司根據二人的潛能加以組合並行，先由A君發揮親和力打頭陣，為雙方營造良好的洽談氣氛，俟進入正題時，再由B君負責主談；洽談中若有雙方因各持立場而導致一時的僵持場面，即由A君出面打圓場，以使生意可以繼續商談，促成交易功德圓滿。如果真因故談不成生意，也應使對方留下好的印象，以求獲取下次機會。

錦囊二十一、多一分向心力，多一分競爭優勢

企業內部應培養人才、尊重人才，否則很難永續經營。若公司內部有良好的制度，使員工辦事能有條理、有所依循，加上公司具有遠景、有企業文化，員工都有機會學習，並在其領域中發揮所能，自然會對公司產生向心力，並有共存共榮的抱負。

經營者在市場上，須建立人際關係和信用，在與其他經營者同時競爭時，若公司多了一份向心力，就是企業的競爭優勢。

買賣方共存共榮　互補中易求發展

業者與客戶往來，應依合約履行一切責任，並有能力承擔風險，只要有好的風評，在機會一來時，業主的幫忙便是「點石成金」，應迅速把握，力爭上游。

業主（客戶）通常屬買方市場，由於錢在他們的口袋裡，所以就好像大爺一樣，而業者（賣方）為迎合買方，只好巴結，不敢得罪。實際上客戶（買方）有許多事仍須依賴供應商和其工程技術服務，因此不可財大氣粗，任意對業者呼之則來，揮之即去，不

尊重市場正常活動；應明白有錢並不代表有向心力，失去了協力工廠（衛星公司），缺乏了市場互補調節功能，企業便難有發展。筆者有買方經歷，深深體會到需要賣方協助，買方的業務才能順利達成。

聚合向心力　談笑創商機

在佛學中，百丈禪林清規以人性管理為重，而這裡的人性管理是指在廟中的人，都是因靈性聚合的，所以有非常強的向心力，是以人為重的資源。如果一個企業裡的人都沒有向心力，這個企業就很難長久存在，所以人性管理就是要尊重人才，這是現代企業管理不可忽視的。

人們產生文化，創造希望，因此商機隨時存在，好比一個又老又髒的房子，只要有人住進去，馬上就會乾乾淨淨，叫人喜歡，且有人的地方就會有人氣，人們便會進進出出。

佛學家林清玄說：「人會創立興旺市場，企業鬥士就會創新、競爭，所以說商機是人所創造出來的。做生意的人常常面帶笑容，就會充滿商機，因為有了笑臉就很容易與人接觸、溝通，可培養友善的人緣，商機營造最需要這種合作精神，促成交易成功。」

（註一）

註一：林清玄著，《平常心》，一一四頁。

錦囊二十二、「行中求知」——開發市場的最佳利器

在不確定的時代裡，經營者懂得掌握時空的變化十分重要，面對市場及客戶的瞬息萬變，尤其在競爭的情況下，人與事產生了利害互動的關係，其演變忽隱忽現，整天處於危機與轉機之中，因此如何掌握客戶人心、貨物來源、行情變化，只有膽大心細地「充分準備」和「行中求知」，是應坐而學、起而行的大學問，值得研究。

經營者在開發市場中，如同明眼人走暗明難分的路，其艱難、困苦、焦急比起盲人走山徑的困難，可說是有過之而無不及，其利潤與風險是相對的，所以深知如何追求利潤、減少風險者，才是贏家。

行中求知　知中求精

經營事業中，一筆重要的生意和企劃案常會遭遇突發困難，讓人不知如何處理才是正確的，而世界上沒有一個人敢擔保教你生意應如何做一定會成功，因此面對市場客戶

的變化，經營者或行銷人員應深知「處處是教室」，時時在「行中求知」中學習，關注生意在市場時空中贏取各個關鍵階段的演變，了解天時、地利、人和等有利因素及各種制宜的方法，以求化危機為良機。

好的機會來了，當然要快速地抓住它，搶奪先機；壞的徵候出現了，便要趕緊動員撲滅它，因為「星星之火可以燎原」，須降低損害到最低。如此掌握趨勢，即能掌握企業命運。

盲人十導盲犬的山徑之旅

下面將舉一盲人走山徑的艱苦故事——「山徑之旅」，作為各位參考。「山徑之旅」是描述雙目失明的美國比爾．艾文老夫婦，有一天以夫婦兩人加上導盲犬歐瑞安的組合，在互信互賴下，自一九九〇年三月起至同年十一月，走完全世界最長的阿帕拉契山徑的故事。

他們由鳥語花香的春天走到大雪紛飛的嚴冬，從美國喬治亞州一路自西南向東岸行，穿越十四個不同風土民情的州，共走了三千公里的崎嶇山徑。單單憑著「面覺」——耳朵和皮膚的結合，以及敏銳的第六感，他們「看」了四週許多形形色色的東西，走入不同的森林，在不同的季節，感受不同的聲音。導盲犬歐瑞安在山徑中，嗅覺完全發揮，牠能嗅出雲是否即將遮住太陽、預知是否要打雷。在險象環生的山徑旅途中，他們曾遭遇猛獸，並遺失了生活用的背包，差點因此失溫而死；更在大雪中坐困山屋，遇到最大的問題——缺乏禦寒用的木材及飲用水，因此只要導盲犬歐瑞安不喝的水，他們也不敢喝。當時引起美國新聞媒體爭相追蹤報導此一對罕見的登山者。（註一）

力行「行中求知」　儲備經驗動力

由以上的故事，我們知道比爾．艾文老夫婦和導盲犬歐瑞安的組合，有一種緊密的團隊精神，產生了堅強的信心和無比的毅力，他們憑著行中求知的方法，自行產生了山徑之旅的生活指南，化險為夷。「阿帕拉契山徑之父」——美國人馬凱曾說：「山徑是讓人用腳走、用眼看、用心尋求體會。」可見沒有一個人可以事先告訴你，如何能馬到成功的。

從經營者的眼光來看成功的「山徑之旅」，可以得到「行中求知」的驗證。「行中」有廣泛的視界，可辨別得失安危；「求知」可吸收經驗作為繼續前進的動力，在實用上則必須自己去體會。

在開發市場中，大家競爭得非常激烈，案情時時變化，忽隱忽現，更加催化經營者以無所不用其極的手段，求取成敗的關鍵；這已是一場看不見的不流血戰爭，我們如以「行中求知」，一步一腳印地研究對策，所累積的經驗將更為成熟，便可發揮旺盛的企圖心，穩健地經營，逢凶化吉。

結合實務運用　掌握瞬息商機

《孫文學說》第五章：「以行而求知，因知以進行。」與《陽明學說》知行之論：「知是行之始，行是知之成。」實無二致，又說：「知是行的主義，行是知的功夫。」可見理論與實際合而為一。（註二）

當生意人行銷開拓陌生市場時，即是求知求行的活動，偏重走出市場實踐行中求知的道理。行中求知的運用包括了：（1）可即時反應，做出有利處理，即是抓住商機；（2）運籌帷幄，以制度、策略決勝千里。總之，「行中求知」是開發市場的最佳利器。

在商場上，「行中求知」就顯得格外可貴了。市場中變幻莫測，時間迫切，有時更無法允許經營者慢慢思考，因在客戶交易洽談的要求下，必須馬上作出決定，其中常會發生遇到困惑卻無人可請教的窘況，因此現代的行銷工作必須有超人的智慧與果斷力。

沙盤推演難　臨場智慧高

舉例來說，售方公司派出一位能幹的職員代表公司到客戶處洽談生意，其重要性非同小可，如戰場上之成敗，因此在出發前，須於內部備妥相關資料、討論應對之道，預先作好沙盤推演，研判情況與對策，好比：老闆應交待在何種情況下可低價出售?待爭議之交貨日期和產品要求為何?應依其付款條件作為雙方議價進退的底線。

由於市場變化迅雷不及掩耳，職員到達客戶那裡時，才發現另有競爭廠商前來，提出同等規格的產品來競爭，因此原來公司內部所準備的一套對策此時完全不適用，且在時間迫切無法向公司討教的情況下，唯有依靠自己在現場以「行中求知」觀察四週一切動態，掌握商情，並憑藉著一己之經驗，以智慧立即作出有利公司的決定，促使交易成功，為公司創造利潤和實績。

註一：中國信託公司雙月刊，一一六期，何亞威《山徑之旅》新書介紹。

註二：戴瑞坤著，《陽明學說概述》，四十一頁；黃光學著，《力行哲學研究》。

第四章　拜訪客戶——建立互信與合作

錦囊二十三、拜訪客戶是通往活路最重要的一環

錦囊二十四、拜訪客戶充分準備「謙恭有禮，迎向客戶」

錦囊二十五、拜訪客戶白皮書

錦囊二十六、「專心的聽，全神貫注，弦外之音」三句訣

錦囊二十七、建立與客戶人際關係合作無往不利

錦囊二三、拜訪客戶是通往活路最重要的一環

顧客是企業十分珍貴的資產，而開發市場的第一步就是拜訪客戶，以建立生意合作的關係。對待客戶應謙恭有禮，並營造良好的氣氛，才可促進生意的成功，繼而創造利潤。公司得到了利潤的滋潤，員工的士氣自然隨之提高，經營者也因此有了信心。

開發市場基本上是去求人，所以拜訪客戶談生意需要大量臨場感，算是頭等大事；服務客戶而使之產生好感，如同把感情存入了銀行，因此必須要有充分的準備工作，善用天時、地利、人和等因素，才能達成目的。客戶中有權力的人，都是業者開發市場的關鍵人物，但常會發生貴人多忙而求見不易的情形，若能順利接觸到客戶，最要緊的是掌握「溝通與調和」的原則，由互動產生互信。

拜訪客戶找商機　跨刀相助搏感情

拜訪客戶，怎樣能花費最少的心力以產生最大的效果，才是研究的重心。有人說生意是「跑」出來的，拜訪客戶是一種展示能力、誠懇負責，並建立信用的表現，必須設

法提供服務並協助解決困難，以提高經濟效益，而這股力量可增強客戶的信心，對今後彼此的互動會有特殊神功。

拜訪客戶是從思到動，是頭腦加頭腦的一種互動。對業者而言，是創造商機非常可貴的機會，因此必須專心聆聽客戶所說的話，找出弦外之音，這往往比自己去說的還有效果，有時一個微笑、傳神就代表了承諾，生意立刻塵埃落定。所以開發市場時，自己的能力固然重要，但想要快速成長，還是要靠客戶從中提拔。

四方兼顧創業績　行銷活動拓市場

當我們走入行銷導向的年代時，企業經營的首要工作即是開發市場占有率和創造行銷業績。競爭分析是執行與規劃行銷活動的開端，若以目標市場作為企業行銷的中心，則其外圍是四個行銷組合：產品、定價、促銷，及通路。美國行銷協會（AMA）對行銷的定義為：「創造達成個人與組織目標的交易活動，而計畫與執行創意、商品、服務觀念、推廣、通路的過程。」（註一），大小廠商都會面臨其相對應的行銷活動，但須注意以下各點：

一、**徵信調查**：調查客戶經營情形、財務能力虛實、制度完善與否、付款能力良竄、人品德性優劣等，可供業者經營往來參考。

二、**企求方面**：介紹產品、提供服務，爭取支持，建立人際關係。

三、**溝通調和**：做好相關說明，化解誤會，尊重雙方的權益和立場。

四、**探討事項**：探討各種契約規定、技術性細則、可行性研討、明確解釋、作業中業主的配合手續（尤其工程中環境與施工工地管理，與業主彼此息息相關）、相關洽辦事項，並共同遵循之。

五、**打聽消息**：是對人與事的一種探悉，雙方各有主客觀立場，有機密性、敏感性，應小心地以迂迴的方法和技巧，不宜正面觸及，以防生變而產生後遺症。

六、**研究問題**：需要雙方預先研究，探討可行性、經濟效益等各方面，這是業者蒐集商情和創造商機的時機。

戰戰兢兢找幫手　注重未來到永久

根據買方的經驗通常客戶對於業者的期望，是希望找到一個精明能幹，能產生經濟效益的好幫手，若面對自己不熟悉的小公司，就會怕它無信無能，導致誤事；面對大公司時，卻又害怕它過於老化，缺乏效率，無法配合工作上的需要，因此通常會選擇往來中有經驗且信用可靠的中小企業。

客戶希望找到正規的專業廠商及有能力的代理中間商，以誠懇負責的態度，合情合理地洽談生意，並希望對方提供良好的售後服務，具有能力執行雙方所訂立的合約，以保持品質和進度，解決實際發生的問題，提高經濟效益，此外也應注重業主內部的和諧，配合業務建立關係和實績。對於有創意的事項，客戶也歡迎業者提出研討，但不得虛偽不實或強求客戶。

當然，最重要的是業者能尊重雙方的立場和合作精神，創造業績來增進業主的信賴，甚或注重未來，建立長久的好朋友關係。

註一：陳輝吉著，《創業家》，二三八頁，行銷策略。

錦囊二十四、拜訪客戶充份準備——「謙恭有禮，迎向客戶」

拜訪客戶要選對人、時、地、事，以求知己知彼，百戰百勝，發揮拜訪效果：

一、**人**：生意中一定要先找對了人，才會產生效果。每個人都有其身份地位、職掌和權力，是開發市場中不可忽視的一環。

二、**時**：拜訪客戶須慎選時間，找尋雙方皆方便的最佳時機，才有效果；並應注重談話的品質，虛心接受客戶的批評指教，且不可遲到，須知所進退。

三、**地**：拜訪客戶也須慎選適當場所，必要時甚至可挑辦公之外的時間，於更舒適的地點來拜訪客戶，在處理得當的情況下，有時也會獲得意外的效果。

四、**事**：主要的談話內容應先詳細準備，確定是否合宜。首先應先從關心客戶開始，重視經濟效益的提高，業者才有商機創造利潤。其他包括交通工具的檢查、個人證件、名片、筆記、電話本、財物、衣著、閱讀檔案等，也應事先備妥。

拜訪客戶謙恭有禮　創造商機互動互信

業者在拜訪時宜面帶笑容、謙恭有禮，發揮人與人間的相融性，可營造拜訪時的有利氣氛，因為第一次拜訪是促成「見面三分情」效果的寶貴時刻，不論是業者請求、說明，或客戶要求、責難，任何的委屈，都須用誠懇負責的態度來面對。

但在作公司產品的專業介紹時，業者自有無比的信心，因此可以大聲有力的加以說明，讓客戶聽了之後感染同等的信心。其間受了業主（客戶）的恩惠和嘉許，也應存在心中，有時並於口頭誠摯的答謝，客戶也會因此認為朋友知情答禮，而感到開心滿足，這是基本的做人做事道理，也是促進雙方合作精神，產生合作力量的商機，有時甚或雙方間的一個微笑，也代表了重要的訊息。

人海戰術失靈　精兵政策奏效

業者拜訪客戶，應派出多少人則應依功能所需來決定：

一、**大型產品說明會**：業者若舉辦大型的產品說明會，到客戶公司或工廠禮堂播放電影、幻燈片等，隨行應包括搬運器材、資料等人員，依功能安排出勤人數，但不可有閒置人員。

二、**一般送貨、交資料工作**：此類單純工作，不宜派出過多人手。據筆者所知，某家公司曾派出三人處理此項工作，三人嘻嘻哈哈如同遊玩，讓該業主的高級主管見到，留下此家公司的閒人太多，賣出產品的成本一定較高的負面印象。可見，閒雜人等太多容易引起客戶的反感。

三、**拜訪客戶**：拜訪客戶辦公室以一至二人為宜，若備妥資料且是有經驗者，只要一人就已足夠，可不拘形式地坐下來談，目標也不致太大，這樣天南地北地閒聊，實際效果可能更高，甚至也可互談悄悄話。

記得有一次，同業好友來我公司，邀請我出面一同拜訪某大公司副總經理；那知他們一下子來了三人，連我共四人，一同前往客戶公司。客戶一見如此慎重場面，不知究為何事，於是便安排我們到會議室，並以抬面話招待，沒有一點生意靈氣。此次筆者礙於情面為友跨刀，卻沒有產生效果，這種敗筆經驗令人一想起就深感難過。

客戶形形色色　業者見招拆招

做生意的場合、環境不僅可區分為國內外，客戶也各有其重要性，何時該進、何時該退，各有不同的禮節和限制，如果處理不當，所造成的損失將無法估計。尤其在業主面前更為重要，最怕業主丟出難題時，正逢事態尚未成熟，有待市場查證觀察之際，因此業者須以經驗和智慧婉轉地應付，不可迴避也不可冒然承諾，也許日後便可就此營造商機，所以，業者實不宜被迫走入進退失據的困境。

在某些買賣雙方談生意的大場面，雙方會談有一定的程序，從廠商資格、資本額、產品規格、數量、價碼、交貨日期、運輸、包裝、驗收、付款、罰則，如經雙方談妥，不可任意更改，只可等待訂約及履行。如果業者反悔，提出付款辦法需要重訂的要求，業主很可能認為其翻案不可信，下次將不予往來。

到客戶處拜訪時，因環境與時空有所變化，如何讓主人方便處事，訪者應衡量情況調整進退時機。有一次公司同仁經辦一件重要的企劃案，必須在當天晚上找到業主，但又怕勉強拜見可能適得其反，因而躊躇不前；次日才得知當時業主正因病發而入院，如能事先掌握客戶近況並表示慰問，才是合宜的作法。

觸犯遲到大忌　商機過眼不再

拜訪客戶最忌遲到，因此在選對時機時，應小心掌握行程，否則後果不堪設想。有位公司負責人透露，他曾經在拜訪一位日籍廠長時，因故遲到一小時，客戶因另有行程而感到非常不悅，就此取消約會，並不再安排，使得重要的商機夭折了。

記得有一次，筆者約定晚上8點拜訪某大公司高級主管，也因事晚到半小時，當時正值炎熱夏日，非常口渴，本來之前都有茶水招待，但該日主人卻把茶杯放在遠遠的飯桌上，直到要離開時，主人才表示他忘了端茶，十分抱歉；我心中猜想，應該是因為遲到而被降等吧，回到公司自應好好反省，客戶是貴人多忙事，半小時也許造成了許多不便，甚或誤了他人之事。

立場不同巧摸索　輕重緩急當有則

與客戶談生意，進行交易接觸時，雙方各有立場，真正需要的規格、數量、時期不明，作業程序因企業文化而各有不同，因此談生意即是在摸索，成熟時刻不盡相同，業者一己之經驗及對方現行制度、行事慣例、權責、個性、心態都有關係，業者皆需小心研判：

一、一般小型交易、急事，應加速儘早完成（宜快）；

二、如果事件較大，牽涉的部門多，作業期長，則需配合案情推動，並適當地估計時間（不宜快）；

三、如遇時機不明，案情複雜，內外競爭性大，則應彈性調適（快慢自如）。

錦囊二十五、拜訪客戶白皮書

單槍匹馬行銷人　獨立作業不含糊

一、要有可代表公司並具獨立作業能力的人

拜訪客戶須每天走入產銷之中，因此需要具親和力、富融洽性且靈活的人，不但有獨立處理業務的作業能力，還可以代表公司解決問題，爭取客戶的支持與合作。

與不同單位、不同立場的人談生意，應具備商業知識，深知市場供求關係、市場行情、產品規範、使用效果、成交簽約、交貨驗收、收取帳款、建立公司信用，而這些也都是行銷人員須從頭到尾負責完成的任務；此外，並應發揮中小企業特有的彈性、靈活、高效率，最忌員工辦事馬虎，一定得有深度、有禮貌、守時間、負責任，並能識別客戶，建立良好關係。

深諳流程省麻煩　勤打關係建利基

二、查明客戶組織和權力流程

拜訪客戶須先知道其權力流程。比如一座10層大樓的自來水配管，總開關、分開關的位置十分重要，遇到需要檢修水管時，必須馬上能夠找到；做生意的道理也是一樣的，若生意往來中突然遭遇案情變化，有了麻煩，就好像大樓頂端自來水總開關被人切掉，業者若能立刻查明原因，就不必在樓下的水龍頭邊傻傻地等，而能設法馬上溝通，恢復正常運作。

三、無利害關係時最易建立友情

行銷人員初到組織龐大、人員眾多的大企業客戶時，對其制度不熟悉，尤其不了解其人事情況，所以不宜硬闖，最好能先做一筆小生意來試探一下，先走完一趟內部流程，並建立良好友誼，有益於下次大型案子開發策略之擬訂。

在這裡先說一個小徒弟勤勞又謙恭有禮的小故事。一家公司派一小徒弟到客戶那裡交貨或領取貨款時，小徒弟總會順便向客戶的高級主管說聲謝謝，或遞支香煙，讓對方完全沒有壓力，且禮多人不怪，一回生、二回熟；碰到對方查問是那一家公司時，也可藉機遞上一張名片，日久自然讓人印象深刻，算是向其上層主管掛上了號。在這種沒有利害關係的情形下，最容易被對方接受，對該公司今後的發展也有了先期的利基。

開發市場行中求知 投石問路建立客戶

四、商機須仰賴業者自己開發與創造

一個大客戶的組織龐大，有其監督與制衡部門，往往商機暗藏。業者起初與不熟悉的大客戶往來時，猶如滿地鐵路，業者卻無法接軌一樣，當遭遇一點阻擋或遇到一、二位脾氣壞的怪人而發生不愉快時，常會感到心灰意冷，心生挫折感，因此容易打退堂鼓，其實客戶中有形形色色的人，對陌生人產生排斥是常態，不須予之計較，如同走生路腳自然會碰到石頭一樣。最要緊的是，客戶有計畫、有預算、有購買需求，加上乃業者的產品和能力所及，即皆可進行市場開發，先以小筆生意開始探路，用心了解後，就可設法創造商機。

在拜訪客戶的過程中，若發現設備、作業過程、研發等有可自我改進的方法，便可降低成本，提高經濟效益。經營者開拓市場，首重為客服務，憑著所累積的豐富經驗，便可無往不利；尤其在客戶尚未發現困難的情形下，業者若能及時提供先進可行的技術或物料，幫助客戶解決潛在的困難，最為可貴。

事先準備事後記錄　換人接棒也不怕

五、中間商最擅長拜訪客戶

由於拜訪客戶是面對面的接觸，善用「溝通與調和」便可產生互動，彼此了解困難和需要所在，共同創造新的看法、想法和做法，在業者與客戶間有了共識之後，便可更進一步合作，營造商機。若問商機在那裡？中小企業業者出差中、參觀、拜訪客戶談話、交貨驗收、與客戶飯局、搭乘大眾交通工具、收聽廣播、旅社內小弟、工廠的門衛。筆者的朋友孫君到美國地大人稀，到當地加油站、速食店打聽當地有否某類工廠或人士，無處不是充滿商機。

日本人來台拜訪客戶時，非常重視事先準備資料。依據筆者之前常常接待日商的經驗，發現他們手中早握有理想的廠商名單、背景資料、設備、營運量、市場佔有率，及是否與國外技術合作等資料，可見得他們尋找夥伴不會盲目、浪費時間；不僅如此，日商拜訪客戶時所記錄的筆記也十分詳盡，每天並有備忘錄寄回日本公司，以便日後來台拜訪時可換人接棒，就算是接了五棒，一樣可以銜接下去。

批評虛心受 抱怨立解決

六、顧客意見最珍貴

做生意時，是永遠看不見自己的缺點的，只有在客戶（業主）眼光下才能得到寶貴的訊息和批評，促進公司的茁壯與成長。回憶多年前，台灣確實有些生產工廠悉心研發優秀產品，惟缺乏市場的開發與業務人員，以致一些獨家且前途光明的產品常被埋沒。這類工廠後來有的曾與筆者的公司合作，已經慢慢開始懂得經常邀請主要客戶到工廠參觀訪問，並持續不斷地改進生產工廠，推介產品以增進客戶的了解，最可貴的要算是客戶所留下的寶貴批評，他們都視為金玉良言，聽取建議並逐步改善，人氣因而漸漸旺盛起來，使公司日益活絡且業務快速成長，爭取到各個客戶的信賴，開拓了公司美好的前景。

七、會抱怨的才是好客戶

根據經驗，凡遇客戶抱怨，業者應先表示歉意，並馬上進一步地查明原因，這同時也是展示企業文化的好機會。通常這這些抱怨不是產品或工程進度導致，而是工作人員對業主禮貌欠佳所引起的，因此應以誠懇的態度來與對方溝通，使問題立即獲得解決，正如同所謂的「見面三分情」、「人情留一線，下次好見面」。顧客的訴怨若能儘快做出有效的反應，不滿的顧客很有可能變成日後忠誠的顧客。

察言觀色知內情　自助人助得市場

八、顧客沉默不語，業者應多探索

拜訪客戶時，業者有不當的請求或涉及難題，致客戶因不悅或一時不便答覆，而表現得沉默不語時，業者應用心體會。筆者有位同業朋友即常誤解地表示：「我已與業主談過，一切都講好了，沒有問題。」其實這是業者自己所演的單口相聲，業主根本沒有回應，等於踢到鐵板，也好像要把水灌入瓶中，瓶蓋卻未打開一樣，可憐的業者仍不知所以然。

九、欲加速開發市場須自助人助

業者為客戶解決問題不是只放空話就夠了，先要有能力了解其困難所在，才有辦法和能力去解決問題，提高經濟效益。拜訪客戶時，業者之建議的可行性如何？有否經濟效益？應向客戶具體說明，並詳為準備分析資料，使客戶一目瞭然，以期早日認同、開始作業；必要時，也可主動邀請客戶實地參觀訪問，或利用示範表演等活動促進了解，如遇業主想要查詢相關數據資料，也都應儘快配合和解釋。這些都是加速開發市場的方式。

策劃進度有利時　逐案消化創實積

十、業者應掌握企劃案之開發進度

有經驗的經營者拜訪客戶只需一、二次，就知道客戶的內部組織、人事職掌和權力所在，客戶的內部情形很快便在心中有數。假設有甲、乙兩家公司，經過努力，分別對外建立企劃案，其中進行中的各有12件；兩公司實際追蹤發展時，因其客戶不同、地點不同、案情不同、企業文化也相異，常因各個案的成熟度不同，促使業者為了維護而疲於奔命，結果是誰能掌握企劃案的關鍵發展進度，誰就是最後的贏家。

（1）甲公司：能靈活掌握發展進度，避免十二件企劃案擠在一起而撞期，因此不會有倉促趕工、發生誤失的情況。業者從中策劃協調客戶，期將進行中案子的檔期盡可能地錯開，有的案件宜加速推動，使它早日成熟，有的則宜從緩處理。甲公司用心和技巧，所以可以減少自己的壓迫感，創造有利業者理想、成熟的發展時機，分期消化，逐一結案，以利公司創造利潤和實績，這樣一來，股東的紅利和員工的獎金也就都有了。

（2）乙公司：不懂得控制企劃案的進度，總在客戶的要求下被動行事，可說是努力有餘，用心不足。結果造成業者五月份有六個案件處於成熟期，各種作業倍增，手忙腳亂，導致客戶在情急之下卻找不到人，使案件成功率偏低，如同雞蛋放在一起，經過碰撞，損失慘重，所有努力皆前功盡棄。不但許多原來幫忙的人付出心力卻大失所望，認為是業者無能，業者公司內部更是人仰馬翻，股東、員工慘兮兮。

下班後拜訪客戶　著重禮節知進退

十一、到客戶家中拜訪尤重禮節

重要的客戶總是貴人多「忙」事，不易見到，而偏偏卻又總是權力關鍵的人物、業者所必須追逐的對象，因此必要時只得到客戶家中拜見。此時的要領是：態度應謙恭有禮、低聲細語、不可放肆，且拜訪者以一人為佳，最多兩人；有的人不喜歡下班後繼續忙公事，因此最好不予強求，以免適得其反。但在商言商，大部分的客戶只要業者以禮相待，見面都有三分情在，再說登門拜訪在國人眼中也等於是一種相當的禮貌。值得注意的是，生意如遇生人在場，則不宜多談。有較熟悉的客戶往來之人情事故，如到府慰問、喜慶致賀、災難協助都難免，另業者有急事關係雙方權益，必須會面說明等。

家中拜訪的好處是環境較為單純，沒有辦公室的身份和籓蘺，但應注意的禮節不可少，例如作客時的小禮物雖不是必要，但卻是人情之常，且拜訪時間不宜過長，成為所謂的「長屁股」（台語指客人久坐不辭），也許當時談笑風生賓主盡歡，但下次主人在忙時，卻會怕你來打擾，只好婉拒拜訪，所以以半小時上下為宜。

家中作客時可與業主平起平坐，一對一的溝通，在地位相當之下，話匣子更易打開，有時甚至有千載難逢之感，因此應先以輕鬆的客套話營造良好的氣氛；業者本身的專業素養也必須妥作準備，經過歷練的人便能夠自然地彰顯出來。談到生意核心時，可觀察客戶的臉部表情：皺眉表示迷惑、不贊成，揚眉表示懷疑，著急表示有迫切感，煩燥則表示不願多談，最糟糕的要算是交談中客戶忽然沉默不語，這不但是保留的態度，也是一種拒絕的意思，業者要小心體會。拜訪客戶要能窺知留意他的內心世界，業者須及時地「溝通與調和」。

單獨拜訪是生意中最易建立雙方感情的時段，其效果應會高於平常，至告辭前應一直保持高度禮貌，目的是創造互信，爭取客戶的支持與合作的力量。

整裝出發隨身記　並肩作戰相支援

十二、拜訪客戶應注意的點滴事

（1）儀容：拜訪客戶應注重儀容、服裝整齊，但在工地時因須像個工作人員，故不在此限，但仍應配戴安全帽，以策安全。

（2）筆記：拜訪客戶應盡可能地做筆記，如談話的重點、客戶的面孔表情和意見、客戶的容貌特徵如長臉或光頭、有利的路程或路線，甚至可以繪圖幫助記憶，並帶回公司整理，且可提出下回拜訪客戶的建議事項，列入行銷活動檔案，「前事不忘可作後事之師」，以利接手拜訪者知己知彼。

（3）團隊精神：筆者有一次利用星期假日拜訪客戶，正逢雨天，有同仁為我開車到客戶門口等待訪談結束；無奈訪畢客戶後，主人出來為我送行，才發現同仁已在車內睡著，叫門不應以致車門無法打不開，此時雨勢又漸漸增大，我連說同仁是因為昨天出差太累才會如此，並向主人連連表示歉意，十分尷尬。

其實公司年度講習時曾上課提醒同仁，二人以上出差就是共同打仗，一人拜訪另一人應注意外面的一切動態，隨時掌握狀況，生意活動本來就是機密，有隱有現，應小心行事。

尊重客戶立場合時宜　掌握進退爭取友誼

（4）顧好眼前生意，也得重視未來：拜訪客戶時，雖然忙於眼前生意，但也不可忽視未來的朋友。其實我們不一定要求非馬上幫上忙，有可能是客觀環境不允許，或事態發展已晚，但業主或許有心找機會合作，千萬不要以惡劣的態度來怪罪業主公司的人，應保持好的風度，否則也許連下次機會也一起輸掉了。

（5）不可忽視客戶單位的整體性：到陌生的地方開發市場，雖然找到了主要辦事人員，但不能以只認識一個單位或某一個人為滿足，必須認識客戶的上一級主管，以防單單依賴某一人時，反而受其限制；最好上、中、下游都有熟人，一旦遭遇問題時，大家觀點較為完備，若能加以整合，更為上策。大有大朋友，小有小朋友，各有各的用處，可減少不必要的負面因素發生。

（6）拜訪客戶的忌諱：以談生意建立人際關係為主體，不宜談政治、宗教等不當話題，也不可批評同業，應有商業道德，也不能批評自己的公司，有違做人的道理，更應尊重客戶企業文化和辦事的立場。做生意的人千萬不可說賠本，那是懦弱無能的事，否則客戶見到便會害怕。

（7）拜訪客戶膽量從那裡來？據生意中經驗告訴我們，凡事有準備會見什麼人、談什麼事都不會怕，所怕的是未準備好匆忙上路，一個小客戶就會把你絆倒。

舉例一、比喻上台演講的人，雖有才華沒有事先準備，在有限時間下，一定沒有條理，無法產生效果。（如談生意沒有條理，內容沒有重點，沒有頭緒，浪費時間不會產生可行辦法。）

舉例二、拜訪客戶設有兩家公司各派代表一人，一個代表了較大的公司，他學歷好且職位高，事先不準備，不守時、不專業，也缺禮貌，根本沒有一點效果。相反另一位代表是基層出身，他深知如何拜訪客戶（心中有客戶是象徵衣食父母），知道重點在那裡，以誠信負責的態度表現，有備而來、具臨場感和信心十足，一但抓住機會（無關身分、地位、相貌）就會成功。

錦囊二十六、「專心聆聽、全神貫注、弦外之音」三句訣

拜訪客戶中說話固然重要，有時聆聽的功夫更值錢。對於客戶的重要談話，應全神貫注聽其細說，因為通常在談話中最易顯露人的本性：你有無興趣聽？客戶有無興趣不斷地說下去？若能即時留意這些蛛絲馬跡，便會發現裡面充滿商機和事實真相，透露著十分重要的訊息，所謂「觀察表情，即知內情」，口中消息是最為可用的東西。

練就「聽」的功夫 聆聽弦外之音

不論是陪客戶吃一頓飯，或一起共同辦事，在聆聽中可有所取捨。苦笑的表情最要不得，有時我們可以忽然沉默、深思表示希望剎車，也有偶而發出肢體語言，強烈地表示不愉快，有時則宜用側面推敲、附和的態度，輕輕地追根究柢，這些都可得到意想不到的收穫。

卓越叢書《套出真相》是一本訪問好書，其「弦外之音」我們用到商場拜訪客戶

上，有價值連城的功效。拜訪客戶怎樣去聽「弦外之音」，是一種藝術，聽的功夫不可忽視。在有利的商機來臨時，宜馬上追根究柢，利用有限的時間深入談話核心；業者必須很快地消化客戶所言，及時掌握情勢，而這些都需要想像力、創造力，才能發現問題。業者在遭遇壞狀況時，「謙虛」是拜訪客戶的必要條件，所謂「事緩則圓」，例如客戶急著逼你馬上答覆時，謙虛即是法寶，可以婉轉地緩和難題。（註一）

「抱歉」消化情緒　一切雨過天晴

客戶是人，自然也有其情緒，有了誤會和立場壓力的困難時，難免有非理性的態度出現。根據筆者以往的經驗，業者若在第一句話就說「抱歉」，並對於突發的事件稍加安慰，在緩和的氣氛下處理事情，馬上可以雨過天晴，變成小事一樁。

記得有一次，我家大女兒帶著六個月大的小外孫女回娘家。當孩子的母親餵牛奶時，小孩卻哭鬧著不肯吃，使母女兩人立刻成為全場注目的焦點。經查明是因奶頭不通所造成的，並進而解決問題後，有感於「飽漢不知餓漢飢」，小孩馬上安靜地喝奶。又有一次，小孩因為抗拒奶瓶，以致一直顯露不安的神情，內子對此較有經驗，建議採用緩和的方法，即大人一面唱歌一面餵食牛奶，經安撫後效果奇佳，我笑著說：「母親與小孩的親情不但要隨時溝通，還要細心經營呢。」

註一：卓越叢書七十九，《套出真相—問與被問的功防術》，是世界級大牌記者、專欄作家、電視主持人共19人，訪問與被問世界尖端名人重要記錄，內有許多技巧和見識用到開發市場、拜訪客戶上非常有用。

錦囊二十七、建立與客戶人際關係合作無往不利

開發市場是創造利潤唯一的地方，但是客戶一開始常會對業者有陌生感，以及排斥性，這些都是正常的現象，業者對客戶謙恭有禮的態度仍是應該永遠不變，目的是建立互信的關係，因為市場需藉由客戶合作的力量來開發，市場沒有固定的面積和深度，只有具經驗的人知道如何去挖掘寶藏。

從陌生到熟識　客戶相助闖江湖

以下節錄《卓越工商管理雜誌》第一一七期：

生意是做出來的，拜訪客戶時難免會碰釘子，但不能因此就失去信心，因為客戶對新的業者多少會有些自然的排斥性，而且他又不熟悉這些新產品，有此反應，實屬正常。

拜訪了眾多客戶之後，應該選擇其中較有購買潛力、付款能力及制度完善的公司合作，且事前應做好徵信調查工作。買賣雙方通常各有立場，所以不應由一方來決定合作

方式。此外，初次往來，交易金額不宜過大，以降低風險。

開拓市場的大要件

想要開拓市場，有兩個成功的要件：公司實績與客戶的信賴。此外，經營者還應注重各種主客觀因素，以積極、創新的態度拓展人際關係，創造實績，建構企業內部合理化的管理制度。

以下是四則開拓市場的實例：

一、推銷產品成功的案例

筆者服務公司曾代理中日合作的DNT特殊塗料產品，當時該產品在台灣的市場仍待開發。某次與原廠開會時，他們告知中部某大企業經常因台中港相關工程需要使用防鏽塗料，工程甚多，希望我們能夠去開拓這個市場。

於是公司便派遣業務人員到台中拜訪客戶，詳細說明該防鏽塗料不僅效果好，價格也不貴，又可保固鋼鐵，符合經濟效益。由於對方根本不考慮，堅持說不需要，同事返回公司表示此案沒有希望，準備作罷。但經公司內部檢討結果，認為此次拜訪活動深度不夠，又太匆促，而且這個客戶潛力很大，若就此放棄，對ＤＮＴ原廠無法交待，於是決定採取專案促銷。

有一天，我和同事一塊兒去拜訪該公司一位課長。那位課長對我們的來訪似乎略顯不耐，因此我便改口說，台中港正在興建，是否想一起去參觀？這項建議立即引起他的興趣，一行人便選定日期前往台中港。在到達外港剛興建的燈塔一個四下無人之處，我說：「這裡已經用了兩項我們的產品了，一個是燈塔尖端部分採用了海邊防鏽塗料，另一個則是台中港外港海中的螢光沙，是開港時測試海潮必須用的。」聽完我的陳述後，這位課長對我們的產品居然已經賣到這種荒涼的地方來，感到非常驚奇。

準備妥當　漂亮出擊

二、成功的產品說明會

大約過了十天之後，我們再度與這位課長會面，他很自然地表示有意試用ＤＮＴ塗料。但我心想，這是他個人的好意，該公司可能尚未考慮周延，不宜貿然決定這筆生意，所以建議他讓我們舉辦產品說明會，並做塗料示範表演，結果他欣然同意。接著我進一步建議，屆時可邀請各單位主管及相關課、工程隊長、工場主任、領班都來參觀，若有問題可當場解答。

回到公司後，我們立刻通知日本駐台技師，準備相關資料及各種機具設備、特殊塗料，相關人員亦悉心規劃，為說明會做充分的準備。

說明會當日，該公司各級工程、會計、採購人員全來了，我刻意走到該公司負責人身旁，簡單地介紹了一下活動流程，其餘絕大部分時間都是與該負責人談些輕鬆的話題，目的是營造氣氛，而且讓在場的數十位員工看到我與老闆談笑風生，日後對交易的進行會有一定的幫助。示範完鋼鐵塗裝程序之後，有位課長大聲問大家覺得如何，協助操作的該公司領班大聲回答：「好！」據現場一位該公司職員表示，這次說明會算是他們舉辦過最成功的。

先建立信心　交易量宜小

大約一週之後，那位課長說：「你們那次產品表演大家都說好，我們主管也很有信心，所以我們想買兩百公斤你們的塗料來試用。」我當時回答：「如果是試用，二十公斤就夠了。」交貨之後，我們派人到現場協助他們施工，一方面藉機增進彼此的情誼，再則也表示我們對產品的負責態度。

由於施工人員反應良好，客戶對產品產生信心，果然逐漸增加採購量，公司也建立了良好的信譽。

三、尊敬客戶，誠懇對待

記得多年前，我們長鉅公司經常在全省各地舉辦產品說明會，而會場的主講人都是技術人員，多以技術觀點發揮，往往忘記下面坐的都是客戶，不經意間很容易冒犯對方。由於我是專門開拓市場的，對客戶素有敬意，因此說明會上若語氣稍有偏差，我便立刻幫腔剎車。對待客戶必須用誠懇、謙虛的態度，不可直指錯誤，使其下不了台。幫助客戶解決問題是企業的責任，千萬不可把客戶當成學生。

客戶永遠擺在第一

四、誠心服務，幫助客戶解決困難

北部某最大化工廠佔地六百公頃，由於大部分設備都是鋼鐵製品，因此防鏽保固工作就顯得十分重要，維護得好可使用二、三十年，若一時疏忽導致設備被腐蝕，則可能十年內便損壞不堪。有一天，該廠的廠長對筆者說：「我很想知道該廠鋼鐵設備腐蝕的情形，並將過去保固塗裝的得失，做個全面的調查。」

我義不容辭地接受委託，派一組人花了一個月的時間，每天檢查許多設備，詳細分析其生鏽、塗裝龜裂、桔子皮、塌凹、起泡、剝離等各種現象的因素，以便進行不同程度的修復。業主對其化學品設備操作運轉中，希望能減少保養人員進出次數，因而要求本公司專業人員代為撰寫設備保固五年的保養計畫，為客戶服務是常有的事，受信任就是公司的榮譽，書面計畫提出後，客戶甚為滿意作為參考。」（註一）

五、重視客戶滿意，人氣帶來財氣

1淡水第一信用合作社對客戶賓至如歸：民國八十年十二月間筆者有機會拜訪，其負責人麥春福先生，就在淡水老街一棟白色大樓，門口堆滿了鮮花籃，街道上懸掛紅色橫布條，上面慶賀該社總存款已滿台幣兩百億元。我被引進樓上麥理事主席辦公室，他告訴我說：「淡水這裡有金融機構共九家，我們一家占總存款已達百分之六十。」我有點意外驚奇。後來到了樓下營業大廳，看到該社服務人員對待客戶熱情周到，客戶有賓至如歸的感覺，我以研究眼光觀察到，對存款金額多少並不重要，而對有「顧客滿意」的企業文化是它最大無形資產，這個「顧客滿意」的文化可貴之處是可以給中小企業參考。想不到事隔一年後，我路過淡水老街，再度看到街上又掛上紅布條，上面說該社總存款到了三百億元，其時占總存款比率不得而知，至今回憶十年前往事印象深刻，因為「顧客滿意」的文化現已散播開，不得不溫故知新。

2波士頓無線電城對客服務誠信第一：一九九八年五月筆者赴美國東部新罕布夏大學U.N.H.參加小兒台勇博士畢業典禮，路中忽然問爸媽要不要買電器用品，他說臺灣中央大學老同學上次返台曾託他在波士頓Circuit City買了一部車用雷達偵察器，已使用一年多壞了，再託小兒帶美找原出售店維修，至到波士頓原店，一時已無發票可證明，且出售後太久了，該店負責人允查當時電腦紀錄，發現確有出售該型機器，但現在已不售此型機器了，當時每部銷售價三百多美元，店方負責人說現在有新機種每台四百多美元，願以新機種一台換回舊品，不收費以示負責，是否可以?當即同意，問題馬上圓滿解決，該店對客戶尊敬和誠信令來者感動，允下一次一定介紹朋友來買東西。

節錄石滋宜博士《e流企業》第一〇六頁：「讓顧客感到滿意，那些滿意的顧客就成為企業『體制外』的公關人員。」

註一：卓越雜誌117期專欄報導：《面對成功》

第五章創新與轉型——迎合時代需要

錦囊二十八、成為不斷創新的亮麗企業

在經濟變遷中，『創新』成功所帶來的利潤是對企業家承擔風險應有的報酬，因為如果沒有企業家的投資及冒險，那來就業的機會?企業家為了確保自己的利潤，就需要不斷地力爭上游，而這種力爭上游的壓力，正是促進經濟成長的主要因素。

擺脫落後的主力——創新

哈佛最著名的經濟學者——熊彼德於一九一一年出版之《以創新為核心》中，提到「經濟成長論」為：

——創新是加速我國經濟成長的關鍵因素。

——企業家及企業家精神是我們社會最需要悉心培養的。

富裕的美國仍需要靠創新來保持富裕。

要想早日全面擺脫落後的我國，更需要創新來早日擺脫落後。

我國目前最迫切需要的就是要有更多的有知識、具創意、敢投資、擔風險的企業家。

經濟的成長只有靠企業家的花心血、動腦筋、冒風險、投入資本，在自己動手的工廠中、實驗室裡與國際市場上出現，經濟成長的重擔是不折不扣地壓在他們的肩上。

企業家肩負使命　促經濟快速成長

高希均教授就曾表示：「現代商人企業家要肩負起國家經濟快速成長的使命。現在是企業家時代，經濟要步上現代化，唯一最便捷的途徑就是靠企業家的創業精神，因此我們希望從一九八〇年代起是企業家的時代，讓企業家肩負經濟快速成長使命，使我國經濟型態跳出農業、輕工業、加工業的階段。」下面將以三個統計數字來說明台灣私人企業在整個經濟中所佔的比重：

1. 一九五二年公營企業佔全台灣區工業的百分之五十七，那時民營企業僅佔43%。到了一九七九年，民營升到百分之八十一，公營僅為百分之十九，這說明了民營企業30年來的快速成長。

2. 台灣所有外銷的產品與勞力，其中有百分之九十五來自私人企業。

3.台灣目前百分之八十以上的就業機會，乃由私人企業所提供。以往我們的經濟之所以落後，是因為人才朝二個方向發展：讀書、做官；今天人才則朝向企業發展，所以有無窮的空間。只有埋頭拼命賺錢的企業家，善盡他們的本分時，才能替社會創造更多的就業機會與財富，而使政府的稅收與日俱增。（註一）

活在當下　不斷創造

佛學家林清玄強調：「人要活在當前一刻。」有創造力的人才可能給這個世界帶來新的希望。假使一個人沒有創造力，今天沒有比昨天更具創造力，這個人就可以說是一步一步地走向死亡的世界，所以創造力是十分重要的；也就是說，如果一個人到了80歲還有創造力，那就表示他還在前進，但如果一個人在二十歲或三十歲就已經失去了創造力，那麼這個人就完蛋了，等於與死了沒什麼兩樣。

創造力其實並不難，每一個人都可以透過訓練開發自己，保有豐富的創造力，就像泉水噴湧而出一樣，永遠不會枯竭。日常生活中若一個人有了創造力，生活中就有了進步的滋潤調適，也就會過得更為幸福、和諧、圓滿。

這個世界現在正逐漸走向一個創意的世界，未來的世界就是創意的世界。沒有創意的人，在未來的世界裡，會活得比從前更無趣和痛苦，因為未來的世界一定比現在更混亂、更複雜、更冷漠，萬一處在那樣的世界裡而沒有創意，那就非常得可怕了。（註二）

昨日高歌今日終曲　創新不歇人人有責

昨日暢銷的商品，今日成過時的貨物，今日供不應求的商品，明天即堆積如山，所以說在瞬息萬變的工商社會裡，只有把握現在，才能預知未來。創新是時代的需要，像電子、資訊業產品的生命週期短，你不創新別人要創新，不認識時代需要的人終將被淘汰。一個企業每天的營運都是在創業和守成之間，這是分不開的，企業為求發展，有時一筆較大的交易、一個重要企畫案的發展，其得失隨時可能來臨，關係著企業的成敗和安危，所以說經營者如同每天都在創業。

所謂研發工作，過去一般人乃指研發新產品，錯誤認定其為純技術問題，這是狹義的想法，實際上研發乃是全公司各部門，包括會計研發、人事管理績效研發、業務人員市場研發、管理方法制度研發、行政效率研發……把整個公司現代化，向前推進；因此人人都應有正確的觀念，了解研發與每個人都有關。

一九九四年六月二十一日，筆者應高雄廣播電台邀訪，亦談及：「企業經營和開發市場，每天不斷地在競爭，整個公司也是每天都在研發和創業。」

創意無限 跟上時代

茲節錄遠流《實戰智慧》之刊載：

1. 企業要有創意：公司沒有創意就沒有成長，迎逢時代變化，唯有創新才可以突破瓶頸，事實上企劃力普遍存在於每一個人的身上，只要努力鍛鍊，就可以把企劃力開發至無限。

2. 何謂「企劃」：企劃一詞，是一九六五年由日本引進台灣，至今已有三十多年，前二十年未被重視，近年來客觀條件逼得企業日益倚重企劃，甚至已普遍產生「沒有企劃，就沒有企業」的共識了，社會對「企劃」如此需求強烈。就經營管理的角度而言，企劃就是企業的策略規劃，是企業完成目標的一套程序，它包括構思、分析、收納、判斷，一直到擬新策略、方案實施、事後追蹤與評估的過程。

3. 鍛鍊腦力與思考：可以說用之不完、取之不盡，一個傑出的企劃案，通常得具備創意與高度可行性，甚至要能達最大的效果。

愈動愈靈活　別怕動動腦

4.企劃人的培養是永不安分的，須不斷地冒險，永遠在動腦。人類的腦袋由一百六十五億神經細胞所組成，一般人只用了其中兩千萬個，大發明家愛迪生用了四十億個，德國名相俾斯麥則用了三十億個，兩人皆是有史以來用細胞最多的人。企劃人亦必須比平常人多用八倍，即兩千萬乘以八等於一億六千萬個腦細胞。腦細胞愈用愈靈活，而且一輩子也用不完，所以不用害怕動腦。」（註三）

以上的介紹，讓我們認識了人的頭腦不但大而且精密，其數據一時無法考量和理解。就中小企業而言，經營者做生意每天都要吸收市場的新鮮訊息，以滋養頭腦，在經營中作好策略規劃；每天在學習中動腦筋，看誰動得快誰就可以捷足先登，值得大家參考。

啓發員工動腦　抓住稍縱靈感

開發市場是從人的頭腦開始。人的潛能是無窮的，經營者必須革新員工的觀念，使他們具備自我啟發的能力。一位好的從業人員應該頭腦敏捷、積極進取，且站在公司的立場上，以其專業的知識和人際相處的策略，為企業創造前景和利潤。

假如你是一位經常動腦思考的人，一定曾發生這樣的現象：你突然在散步或開車時，想到了一個點子，但因當時缺少紙與筆，而沒能馬上記下來，結果回到辦公室後，卻怎麼想也想不起來……突然冒出的靈感，的確是稍縱即逝，因此此對待忽而出現、忽而消失的靈感，最妥當的處理方法就是「抓住它」，立刻用筆記下來，任何成功的企劃人，都會隨身攜帶紙筆把它記下來，以備不時之需。

全球知識經濟型競爭力　應速發展知識經濟優勢

二〇〇〇年一月一日聯合報民意論壇經濟篇摘錄：工業技術研究院董事長孫震說：「自從一九九七年下半年東南亞金融危機以來，各國莫不注重較長期之措施從基本面改善經濟體質，希望從十年中發展為一先進、具競爭力的知識型經濟。因此培育人才，加強研究，將知識轉化為市場價值，在知識型經濟的發展中，具有特別重要的意義。台灣邁向知識經濟以往的優勢在教育，未來的潛力亦在教育：

一、一九九六年台灣共有研究人員七萬一千七百餘人，其中百分之五十六在產業界，百分之二十二點一在研究機構，百分之二十二點三在大學和學院。在一九八〇年代以後科技類研究所教育迅速擴張的時期，一九八八年至一九九八年大學畢業生從四萬〇三百八十人增至八萬五千八百〇二人增加一倍餘人；碩士畢業生從四千四百八十三人增至一萬四千一百四十六人，增加二點一六倍；博士畢業生從兩百九十七人增至一千兩百八十二人。

二、自國外返回人數一九八〇年至一九八九年為一萬四千八百八十人，約佔國內高等教育碩、博士百分之四十五。一九九〇年至一九九五年為三萬〇兩百三十八人，佔國內畢業碩、博士百分之五十五（根據美國專利與商標局的統計，一九九八年外國在美國所獲專利件數，日本以三萬兩千一百一十九件排名第一，德國九千五百八十一件排名第二，法國三千九百九十一件排名第三，台灣三千八百〇五件排名第四，以後為英國。）」

註一：高希均著，《溫暖的心、冷靜的腦——討論進步的觀念》。

註二：林清玄著，《平常心》。

註三：茲節錄遠流出版社《實踐智慧》之刊載，企管顧問郭泰說：「企劃力的培養——何謂企劃」。

錦囊二十九、中小企業轉型大趨勢

面對中小企業經營環境的急速變動，企業必須轉型，以新的經營策略、新的技術、新的市場來加以因應，調整體質、再出發。

不怕入錯行　就怕原地踏步

我國生意人的傳統習慣，有「女怕嫁錯郎，男怕入錯行」的觀念，因此入了那一行就會一直幹到底，不會輕易換跑道，這在太平盛世尚可生存，但在今天變化莫測時代的衝擊下，已不適合。其中要算加工業最自認安守分己、忠於行業即是專家，實際上市場已經改變了，上游公司也許已經改行，或產銷雙方都在變化，市場應變已屬正常，關係也要重新調適，不應再固步自封。如科技電子資訊類產品生命週期短，為適應市場應變需要，業者應放眼創新研發工作，必要時企業可以轉型因應，以有利未來之發展，迎接自由化、國際化的趨勢。

中小企業的優點是「彈性」，當經濟環境適合某一類中小企業生存時，該類企業即會快速地出現，若經濟環境有所轉變，這些中小企業規模小，轉變容易，很快地又可朝向更適合發展的方向轉型，甚至結束老公司，再以新公司出現。

企業因應轉型需要　改變利基重新出發

企業面臨轉型期時，公司內外都會遭受很大的衝擊，此時經營者必須妥善研究並計劃周詳，以想出可行的辦法，讓公司能夠順利地轉型。

商場如戰場，不能一味地向前衝，有時公司必須因應各種策略的需要而進行轉型的工作，如改組、轉移、擴充、歇業、結束等。公司轉型的原因大致有下列幾項：

一、擴大經營、公司增資改組，或與國外技術合作等。

二、原有經濟環境惡化，需另覓地點營業。

三、原廠設施已不適合未來發展的需要，必須改組重建或出售。

四、中間商因代理權變遷，貨源來不及調整，導致市場萎縮。

五、公司經營不善，長期虧本，或內部有結構性的問題必須解決。

六、受到國內外重大政策影響，致使公司營業項目遭受嚴重的衝擊。

企業轉型是為了因應環境變化的經營型態，包含了各式各樣的策略，即凡是經營改變，以提高或維持企業競爭力的一種努力或過程，大體上均可稱為企業轉型；也是協助企業將改變當作機會，進行事業轉型。中小企業能否健全地發展，對我國產業競爭力之提升與基層國民經濟之穩固有極密切的關係，必須順應國內外經貿變化，調整策略轉型等工作。

改頭換面來轉型　結構變化亦屬之

企業轉型不只是指企業放棄原先經營的行業，改而從事另一個新行業而已，舉凡企業改變生產技術、開發新產品、調整管理組織、轉變產銷市場，甚或所有權結構的變化，均可稱為企業轉型，可分為三大類：

一、轉業或多角化經營：企業放棄原先經營的行業，改而從事新行業；如由製造業廠商轉型為商業貿易商，同時並投資或經營其他新行業或產品，以降低風險。

二、產銷型態改變：企業所屬行業不變，但改變產品的種類，可稱為產品轉型，如原本生產針織襪，改為生產針織外套；或變更生產方式或類別，例如：變更原料、生產技術、生產流程、提高產品品質；或改變行銷方向，外銷改內銷、內銷改外銷、歐洲市場改美洲市場，如謀求降低成本或開發市場，將工廠或營業單位移轉至海外適當國家。

三、經營型態改變：企業只是改變經營型態，例如由原本的獨立商店改成連鎖商店，或從委託加工改為自有品牌之供應廠商、進行同業間水平合併經營，甚或與上、中、下游工廠垂直合併經營，在研究發展、採購、接單或行銷網路方面，成立組織性的合作關係。

迎戰市場競爭力 化危機為轉機

創新研發活動不僅是企業迎接市場競爭力的利器，更是提升技術水準、促進產業升級，以及創造新產品的原動力。中小企業必須長期且持續地投入創新研究工作，運用自然法則達成新發明，而且新產品須有產業上之利用價值，或物品之形狀、構造或裝置為首先創新並合格實用，這些都是創新研發的方向。另研發亦可促進生產技術改善、製造成本降低、產品質提升，及附加價值提高等效益。

企業遭遇匯率變化或重大政策改變時，中小企業即已產生結構性的深遠影響，但是危機正是轉機，有時大部分中小企業無法控制時，部分中小企業便以創新求變的方式，成功地達成企業升級、轉型的目的。因為長期既然生變且無法控制，企業只有向外投資，尋找最適合的生產基地、降低生產成本，或自我升級轉型，提升產品附加價值兩條路，所以，創新轉型成了大多數中小企業求生存的方式。

展望未來，中小企業仍將是我國經濟發展的主力，而為因應整體經濟環境的變遷，如何積極協助中小企業朝向生產科技化、管理效率化、產品精緻化、經營國際化而努力，實為當前重要的課題。（註一）

註一：參考1991年《中小企業白皮書》，第二篇，第三章中小企業轉型趨勢等相關資料。

錦囊三十、擋不住的民營化潮流

在蘇聯解體之後，計劃經濟制度步入改革開放的新局面，自由化、民營化的浪潮襲捲全球，台灣國營企業民營化的呼聲在解嚴後達到高潮，但腳步卻太慢且遭遇障礙及紛爭，這也是各國在民營化的過程中都會遇到的情形，我們應該找出值得借鑑的地方。公營事業其中要算省營「台汽公司」，省府委託中國生產力中心專案輔導下取得共識，順利轉型民營化最有成效。

民營化的先鋒——英國

民營化的目的，是改善員工效率，重組整體經濟結構。民營化最早成功的算是英國，英國政府邀請海文先生出任英國民營化服務部的負責人（主持人，也是創始人），負責規劃英國國營事業民營化的工作，其後曾協助澳洲、加拿大、巴西、智利的民營化工作，可說具有十分豐富的民營化實務經驗；卓越雜誌一九九四年二月所舉辦的座談會中，出席的即有海文先生、經濟部官員及知名學者等，共同討論相關課題。

英國民營化已持續多年，英國電力公司的民營化算是最成功的，將其分割為十二家再出售予民營時，注意地尋求多家來共同競爭，避免民營化以後依舊是一家獨大的局面。海文到過許多國家演講，協助參與德國至少四千家待出售的事業體民營化，認為藉由民營化可改善員工效率，同時整體經濟結構也會跟著重組。（註一）

公營事業工作效率低　開放民營化重組出發

我國前公營事業委員會副主委葉曼生說：「我們要民營化，當前的目的是為了要提高經營效率，因為公營事業的效率比民營差，有其歷史因素，是法令上管束太多的結果，我們統計公營事業的管理辦法共有一百二十三種，從用人、用錢，到業務的執行都管得太多了。」

據悉公營事業改組民營的這麼多年以來，中工、台機兩公司多任首長、總經理想整頓改組，卻都因法令限制及員工去留問題而難以合理解決；最近仍陸續將有數家公司開放民營，包括中國石油、台灣電力公司，及各家國營銀行等正著手進行中。尤其經濟部主管的石油、電力兩大超級公營單位，為國家最重要的能源事業，以往數十年中從無人想過有一天會開放為民營，惟有世界潮流的力量促使民營化，公營事業才可從工作效率低、業績不彰的舊習中重組出發。

公營事業台灣機械公司退休的工務處長孫國霖，也是筆者的好友，曾表示：「目前公營事業未蓄意培植主管，僅憑某些特殊技術成就或人事關係而被提升，因此這些主管缺乏許多管理知識，而不能發揮經營效應。」公營事業的窘況竟由技術人員一語道破，令人敬佩。可見，經營管理是公司內的經緯。

加油機開放後 民營搶攻市場

台灣的石油業，是由公營事業——中國石油公司獨家經營。至一九八七年起汽油加油站可開放給民間經營後蒸蒸日上，各地如雨後春筍般迅速地興建了加油站，迄二〇〇〇年十月底止已發展的民營加油站達一千四百〇五家，而公營加油站四十三年來才保有六百〇二家而已，公、民營總計兩千〇七家；平均每站的發油量為：民營站十五點八KL，公營站二十三點四KL；公營站總銷售量因民營加油站數量超增續降達百分之三十七。

公營事業牛步化 民營企業客為尊

為何公營加油站的發展十分緩慢呢？主因是建加油站所需購買的土地，須層層往上級呈報，有時甚至歷經兩年才會核准下來，土地價格早已上漲的無法取得。相反地，民營企業則有資金說辦即辦，很快地解決土地問題，不但場地規模大，又可美化環境，沒有一定受到經費的限制；加上民營生存須依靠高人一等的競爭力，完全依市場經營規則爭取顧客滿意度，一切顧客至上，因此服務人員為了提高服務水準，為客戶服務還加贈報紙、洗車、米酒、花生油等，這是公營獨佔時代所不必注意的。

民營加油站的特點如下：

一、只要有資金，馬上買地成交，效率高，且規模不受限制。

二、適合企業經營制度，可獨立自由發揮。

三、訓練有素的員工，富團隊精神，得失可隨時調控，自主性強。

四、工商業大環境法令規章成熟，可公平競爭。

五、著重合作力量，強化生產力，可爭取客戶、增加業績、降低成本、創造利潤。

中油與台塑油品市場爭奪戰　競爭時代來臨消費者是贏家

欣聞國內石油產品除原有的國營中國石油公司外，又添了一家民營台塑公司六輕廠已生產石油製品。目前競爭主戰場為汽車用加油站，二〇〇〇年十一月十八日報刊中油與台塑開始市場競爭活動，中油公司舉辦「加油天天送名車」抽獎活動，市價五十萬元轎車第一名得主，是由雲林縣台西加油戰售出。台塑促銷期間中油銷售量少了一成至兩成，現在中油發動促銷後，客源已逐漸回流。

難得看到油品市場有競爭，確是一件好事。企業有競爭才有進步，且從競爭中求生存，透過市場激烈競爭，產生了優勝劣敗的競爭局面，無法接受市場的業者唯有另謀他途。這是不變的生存競爭法則，但是希望市場保持良性的競爭，消費者才是真正的贏家。

世界吹起民營風　拯救頹廢公營業

石滋宜博士所著《有話石說》一書：「在一九九三年八月到中國大陸參加一場國際會議，一位主管大陸國營事業的高層人士，問我對公營事業的看法，我率直的回答：『全世界的國營事業，為了提高經營效率、市場競爭力，都在改民營中。』在全世界皆然的趨勢下，同樣的題目，我和台灣經濟部國營事業高階主管作了一場演講，二十世紀以來最可貴的突破不是科技，也不是資源，而是個人的價值再度受到重視。所以，以人為本的管理思想（人本主義）將蔚為風潮，國營事業束縛太多，容不下人才。」

公營事業效率低落，會帶來「大企業病」，這連大型民營企業都無法避免。在企業剛成立時，它的市場、目標使命都很一致，但環境改變了，若仍順著原來的軌跡前進，認為以前做得很好，繼續延伸下去就夠了，殊不知改變浪潮一來，大企業也會覆亡。（註二）

公營企業民營化難度高　民營化接合市場創利多

何以公營企業民營化是難度高的工作呢?員工認為公司已像似倒閉結束，又像似創立新公司，主辦者有感出力不討好，深感難拿捏，難有把握和經驗，員工易疑心不安。

一、公營轉型民營化，是將原有機制轉化為市場導向，公司原有資產存貨、土地、設備、技術、商譽、市場客戶都是重要一環，處理得好，員工問題自然好解決，公司轉型較易，否則將是沉重包袱。如以存貨一項為例，設帳面金額為一百元，轉型時評定只值五十元或八十元也不算少。如認定有前景值一百五十元也屬正常，希望因轉型中不能失誤，以免產生不法情事，刺激員工信心。

二、民營化之重組、人員調配分流、資產評估，其過程員工非常關心他們的權利不要受損，怎樣溝通產生共鳴是大學問。

三、公營民營化後，解開企業一切束縛，帶來了新的生命力，有利經營依市場法則，創建企業化的組織。有明確發展之目標，它的願景有具體而利多，重新出發確是一件好事，其轉型民營化領域中，須有傑出的領導者，無私無我的奉獻才是成功的關鍵，以達好的開始是成功的一半。

公營事業台汽再造　創新共識成功典範

一、台汽需要創新：前中國生產力中心總經理石滋宜說：「當我在泰國參加亞洲生產力組織理事會時，接到宋省長的電話，要我答應協助省營事業民營化工作，我多年來主張公營事業如果不改造，將會看不到二十一世紀的來臨，並告之我多年來經營中國生產力中心為企業進行改造的心得，願意接受他託付任務，但我只願意接受無給職省政委員（省府科技顧問）

省營事業共有33個機構跨越金融、保險、生產、交通、給水到文化不等，其中有九家經營虧損，而要求我以生產力中心輔導民營企業的經驗，協助省營事業朝向企業化或民營化經營，我接到這樣的使命後，要求生產力中心的同仁對相關的省營事業進行瞭解，而台汽公司在這些事業中，輔導是最有成效的。」

二、輔導共識有成：中國生產力中心專案輔導組主持人資深顧問陳生民，他在一九九五年二月領導民營化的輔導團隊，擔任協助「台灣汽車客運公司」變革改造這個繁重艱辛的任務，將一個官僚式的組織，注入企業家精神「顧客導向、經營理念」新的企業文化，目前的工作是如何營造台汽公司全體認同向前推動改造，在輔導團隊以過去輔導民營化經驗和智慧夜以繼日努力推動下，至二〇〇〇年六月完成民營化公司目的。

1創造了共識營，是為台汽改造凝聚上下成員之達成民營化改造共同願望，在三峽大板根邀集台汽管理階層，和工會理監事及基層員工代表，省府主管也大力參與，共舉辦了溝通說明會有一百多場，參加所有的成員都可發言，營造共同希望，「沒有變革，台汽就會倒掉」共識營創造了一致的心聲，達成扭轉乾坤的一股強大力量，其中有台汽董事長陳武雄全程參與，大家的努力功不可沒。

2「台汽再造」精簡後：原日益衰老的台汽公司，有世界四大客運之一稱譽，有員工一萬四千多人，大型車三千多輛，龐大組織和公營作風體系，一九八九年運輸營收新台幣一百〇二億元，從此逐年下滑至一九九三年運輸營收六十七億元，年虧五十四億元，經過共識營溝通改造後精簡為員工三千多人，車輛有效營運只要一千五百輛。

（「共識營」就是中國生產力中心一項特殊的訓練活動，它原先叫「活力營」，轉化為「共識營」，對凝聚意志非常實用有效。）

3專案輔導組主持人陳生民說：「『台汽改造』沒有不痛苦的變革。」台汽員工代表說：「看到一個工作夥伴離開台汽實在太痛苦了。」但是今天台汽遇到的問題是所有大型事業共同的問題，市場競爭激烈、組織龐大、缺乏彈性及應變力。「企業改造」是創造活力，塑造一個有效能的企業體，無可避免必須經過員工冗長的談判，或進行換血、裁員、將所有員工重新聘雇，改革與溝通並行，在工會支持改革下順利進行，和平理性，並未引起社會動亂，非常難得。

三、最後省府評價：稱讚《台汽再造》作者陳生民敘述了台汽創新歷程，其全部過程是—台灣五十年來「公營事業轉型民營化成功典範」。（註三）

編者據悉：省營台汽公司改造，從政策到執行工作早有共識，若在正常運作下當可順利完成，後遭省府精減，收尾工作無以為繼，致有亂象，望早日解決以利營運。

中小企業之蓬勃發展　勤儉締造經濟的奇蹟

市場經濟的自然法則，競爭的考驗優勝劣敗。在同行競爭之下為了取勝，大家都會盡其所能設法提供良好產品，對社會大眾作最佳的服務。市場經濟和民營企業則是相同靈活的機能，而市場經濟乃是順應人類選擇價廉物美的天性所形成，無法接受市場考驗的業者唯有另謀他途，這是不變的生存與競爭法則，所以經濟出問題，必須依據市場原則運作。（註四）

註一：卓越雜誌一九九四年二月號，一六七頁，節錄英國民營化成功領始人海文先生。

註二：石滋宜著，《有話石說》。

註三：陳生民著，《台汽再造》。

註四：王永慶著，《生根、深耕》。

錦囊三十一、海外投資共創繁榮

國際投資是一種開發，需要大量的資金和開發能力，才能促進兩國間的交流、提升兩國人民的感情；被投資國則應具備一些誘因，如基礎建設、交通、水電、投資相關法規之完備、社會秩序和合理的投資環境，以利雙方融洽地合作、創造經濟效益、互惠互利，並共同努力創造繁榮的遠景。

突破現況瓶頸　躍上國際舞台

中小企業白皮書曾明確指出「企業國際化」的定義：「所謂企業國際化是指一個公司逐漸增加國際業務，最後成為多國籍公司，甚至全球性公司的過程。企業國際化的動力，主要來自企業自我成長的要求，當企業的規模擴大到一定程度，其現有的組織架構已不敷進一步發展所需，或當企業目前服務的市場已經趨於飽和，或受到市場上其他同業的競爭壓力時，該企業便會覺得有必要突破現狀，甚至跨越國界以便進一步尋求資源、拓展外銷、引進技術、發展策略聯盟，或者直接赴海外設立營運據點。這種國際涉入程度的逐步增加，就是所謂企業的國際化。」

國際間對外投資之類型，大致可分成兩類來說明：

一、擴張型對外投資：其目的主要在擴大海外市場，例如歐美國家之對外投資。

二、防禦型海外投資：其目的主要在避開國內惡化的勞動成本、昂貴的土地，及其他不利的投資環境因素，例如日本、台灣的對外投資，大都屬於此類型。

國內坐陣指揮 國際動力加持

對於無法在國內順利加入全球產業分工體系的廠商而言，未來的發展可能是外移，惟廠商外移時，必須評估當地國家的投資風險，特別是政治社會的穩定情形更要密切注意，以防投資失敗。海外投資最消極的作法是連根拔起式外移，將我國的公司完全結束。基本上對國內而言，這種外移與關閉並無兩樣。

較積極的海外投資則是以我國為營運決策中心，一方面在後進國家利用低廉的勞動力生產，並且透過企業原有的行銷管道將產品銷往世界各地；另一方面則在投資國建立產業網路，再透過我國母公司的連結，甚至與在我國設立營運中心的跨國企業連結，將我國或先進國所生產的產品銷往後進國家，或者作為先進國在後進國採購原料半成品的中介。我國中小企業將可由國際經濟，特別是亞太地區經濟的成長，取得生存及持續成長的動力。

無懼危機加溫 積極播種擴展

台灣中小企業經濟發展有三十年加工出口的黃金時代，在經濟發生重大轉變的過程中，也會作出敏銳的反應、靈活的調整，以超高的彈性不斷地轉型至有利的方向，改善經營管理，提高產銷效能，甚至轉型經營區域，以此超強的韌性和無比的活力，不斷地追求成長與茁壯，這種特質在此時更加卓越。

隨著加工出口業往外發展的大批中小企業，挾著豐富的經濟、精湛的技術、有效的經營理念，向周邊的區域散播出無數潛力雄厚的種子，對帶來蓬勃的發展實有不可抹煞的貢獻。

水平與垂直之分工 端視企業有利運作

對外投資宗主國與被投資國可實施「水平分工」與「垂直分工」，雙方有密切的關係：

一、水平式分工：擴張型對外投資的特色之一，也就是海外公司生產的產品與宗主國內母公司工廠的產品並無太大差異。實施所謂的「水平分工」，一般對宗主國來說，可擴大市場、對外銷售，減少運輸成本，這是最大的好處。「水平分工」的缺點，則是由於資金外流，使宗主國的資金減少，導致國內投資減少、工作機會減少，最大的危機是生產技術的移轉。

二、垂直式分工：例如附加價值較低的組裝等程序交由海外工廠生產，又如同家企業內，需要勞力較多的生產可以移到海外工廠，而需要勞力較少、附加價值較高的活動，則仍然可以保留在國內進行。例如研究發展、市場開發、財務管理、人員訓練等。「垂直分工」的好處有下列數點：

（1）上、下游工廠全屬於同一家公司所有，訊息可分享，減少訊息交易成本；

（2）上、下游工廠全屬於同一家公司所有，決策可以一貫，因此研發較宜；

（3）工作的生產力也可以提高，對研發、對產品，或工序加以改善時，更需要上、下游之間統合協調，彼此需要。

（4）垂直分工可以統一所有需要的規格或共通語言，當可增加一般的生產力，最重要的是，兩國（兩地區）垂直分工可以擴大市場，較易吸收研發工作所帶來的風險。（註一）

註一：天下文化出版，《台商經驗——投資大陸現場報導》，二二二頁。

錦囊三十二、企業購併趨勢

在世界經濟不景氣的衝擊之下，許多地區出現幣值貶值的困境，導致有些企業因體質不好而岌岌可危，加上一九九八年東南亞諸國金融風暴加劇，使專家們無不迫切地想要解讀此一突如其來的事件；有觀察家表示，這一波浩劫要拖延三至五年，才能漸漸恢復元氣。但對有實力的企業家而言，卻是一個機會，可開始以便宜的價格購併國內外企業的資產，擴展其經營；被購併者自然也會視其需要，作出有利的打算。預料未來購併企業此一錯綜複雜的企業交易，將在國內外盛行。

一、熟悉本業逕行購併是千載難逢好時機

購併企業對業者來說，不是常見的工作，當然缺乏實際經驗，但是如對市場環境已十分熟悉，且其屬於本業範圍。有經驗的企業家，喜歡收購體質欠佳卻具有發展潛力的公司，一旦有機會出現，在財力允許且符合企業需求之下，兼併待出售的企業個案當可得心應手、捷足先登地逕行購併。收購好處如下：

（1）可掌握市場和成本：當購買一家現成的公司時，往往等於買到已知數，也就是一個熟悉的市場和內部成本控制制度，可算是明智之舉。

（2）可節省創業時間和精力：一般創業公司的存貨、機具設備和養成成員，通常須花費很長的時間才能夠完成，尤其在獲得適當人員方面，即可能須經過無數次的甄選；但如以收購的方式來創業，則可省去訓練和操心，因為人員大致都已經就緒了。

小心收購有潛力公司 釐清關鍵免踏地雷

收購公司前有些關鍵問題須先加以澄清：

（1）探悉該公司出售原因，如市場變化等環境因素，或單純因老闆退休；可向周圍的人查證，蒐集相關資料。

（2）公司目前設備狀況如何？是否有難以修復零件的困難？

（3）公司庫存的狀況如何？可否出售或已過時不堪使用？

（4）原有的商譽是一無形資產。

（5）原公司主要的業務、技術、管理幹部如何？適任者可否留下？還有多少員工可繼續為公司效勞？這些都是關鍵要事，否則重要幹部被挖走，不久就會變成市場競爭對手。

（6）各項決定的手續是否正常？且相關債權債務也須釐清責任歸屬，以便過戶改組作業。

二、跨國企業購併應請教專業人士

面對較陌生且又非本行的跨國企業購併，目前有些具備實力的企業為達到謀取某一目標，欲實現異地購併已是常見的事，比如購併目標市場、品牌、有潛力的廠房土地、相關科技等；雖然有些企業有興趣想從事購併，但都不是購併者單憑一眼就可以決定的，而是需要講究臨場感，尤其著重公司未來發展與市場前景，並有相當的學養和經驗，才可在談判桌上做出適當的實況反應。

借重專家手　購併才會有

（1）在這種情況下，必須仰賴專家，如投資顧問、會計師、律師等協助規劃，事先調查其市場前景，如原物料來源、成品銷售潛力、機器設備未來使用有效性、零組件是否供應無缺……以及大宗土地廠房價值之評估研究，了解其產權是否清楚、前景如何……另尚包括科技方面檔案資料、關鍵技術人員、無形資產之商譽、相關市場之合作關係等，才可減少風險。

（2）之後對於資產查核清點、價值虛實調查、擬訂合法有用的契約等事項，和雙方簽定契約後，怎樣執行接收步驟、如何分期核付價款……，也應詳加注意；此外還須執行購併契約之財源規劃，以免財力在購併中中斷，或花了錢得到不實的東西。另當地許多相關法律程序、能否合法順利取得，均須懂得法律的專家相助，免得掉入陷阱。

三、確定低價收購案有是否改善經營之餘地

購併企業，指收購與合併兩種企業的方式。所謂「合併」，是指兩家公司以一定比率交換股權，經過公司組織程序達到所有權結合的目的。所謂「收購」，則是透過現金或股權直接購買公司。

購併之前應先評估條件，確定企業是否真的價值低估，有無便宜占這並無一定的標準，但是要評估是否有改善的餘地，也就是重組成功的可行性有多大。另對於購併後組織的調整，為了強化購併後經營的效率，有時面臨須與其公司原有的組織文化、結構與制度加以整合，以形成一種新的組合，有利於重新開發市場、提高獲利、永續經營。

錦囊三十三、兩岸合作企業創造雙贏

提起海峽兩岸合作企業的發展，腦海裡就會想到我中華民族地大物博，並創造了五千年的悠久歷史。台商常說：「大陸不改革，中國沒希望；兩岸不交流，台灣沒前途。」一相信兩岸中國人若共同努力，未來將如外國人所說：「二十一世紀是中國人的天下」！

兩岸各展所長　企業家組合力量

兩岸合作企業各有所長：大陸有廣大的土地、豐富的資源、簡樸廉價的勞工、堅實的基礎科技研究，和潛在的市場；台灣則有充分的資金、現代化的經營管理、生產技術及創新，以及具經驗並可隨機應變的企業家。這些有利的條件，只要雙方積極地攜手合作，並善加經營管理，就可以生產具有競爭力的產品，行銷至全世界，自然可以創造互惠互利的雙贏局面，共同持續地開發遠景、創造繁榮。

企業要有好的經營組合才會產生市場競爭力，兩岸已具備了企業經營所需的各種資源，因此要有懂得經營管理的企業家來組合力量，而不是合作者閉門說聲：「哥倆好，你的給我、我的給你」，大家互補，便可成功了事。所以，我們需要重溫一下企業的定義：「企業乃為達成營利目標之有系統、有組織、有競爭的人為活動的結合；由此觀之，企業是達成營利目標的一種有組織的工具。」

彼此徵信調查　提升合作力量

兩岸企業合作應先互相作「徵信調查」，有助於互相了解對方，並決定是否與之合作，且在合作之後，也有利於產生組合力量，以及減少雙方不愉快的事情發生。「徵信調查」在國外是做生意必備的一種普通程序。

台灣工商界開發較早，社會分工較細，加上公司本身工作繁忙，因此徵信調查的方法，通常採取花費少許費用，把所需要的徵信工作，委託商業市場調查公司辦理，這樣便可很快地得到徵信報告，例如包括對方基本資料，或產品、市場、客戶、合作夥伴財力、能力、信譽等背景資料，一清二楚。

台灣聯合報曾於一九九七年十二月二十五日刊出：大陸長春市有一位台商曾說：「至大陸任何地方投資，都應該多花些精力詳細進行市場調查，同時對當地人文環境徹底研究；徹底了解投資環境、慎選合作對象等，更是必要的功課。」

在此以美商來台銷售牙膏的例子供大家參考。多年前，有一次到劉姓朋友家作客，朋友提到他太太兼差的公司接到外商委託調查台灣牙膏市場的案子，我便不加思索地回答：「牙膏市場有什麼好調查的？」劉太太在旁邊解釋：「市場徵信調查是一專門學問，我學過的；市面上有那些廠牌牙膏？銷售情形如何？那一種口味最受歡迎？那個階層的人在用？價格、包裝容量如何？那個地區銷售量最多？都要經過統計、分析及計算百分比，並依要求提出適當的建議。」多年後，一直到筆者自己創辦公司，遇到公司有一筆貨款無法回收時，才終於恍然大悟，了解到事前徵信工作的重要性。

先天環境誠可貴　經營管理價更高

合作生意的先天條件十分可貴，得到有利的開發環境，便等於是好的開始，也是成功的一半。此外，一定要有敬業、積極、負責的人，以現代化企業的經營管理方式，把所有的資源善加組合營運，方能開發企業的整體效果；且公司營運要利用經營管理的合作力量，絕對不可依賴合作者其中某一人，說什麼「公司一切包在我身上！沒有問題！」，這是不切實際的話，不足採信。事業經營唯有一步一步地經營管理，配合行中求知的方法，運籌帷幄、研究對策，才是最根本的辦法。

開發市場要利人利己，行銷活動則需經營管理，因此經營者須站在公司的立場，克服經營中的困難並加以應變，且也要有不畏艱難的開拓精神，掌握天時、地利、人和等因素，充分地把握商機。開發市場亦須了解市場上的供求關係，正如所謂「知己知彼，百戰百勝」，我們欲幫助或服務客戶，首先要有能力先行了解問題的所在，才有辦法或能力去解決問題，這樣也才能提高經濟績效，有利於發揮市場競爭力、創造利潤、建立信譽。

奮力不懈同創業　精誠所至金石開

經營活動是人助天助，不是找人來公司謀取享受的，而是需要有旺盛企圖心、成敗榮辱使命感的人來開拓市場，以合作的力量共同創造業績。在此引用一篇採油報導：「美國德州以前開採地底層石油時，採油合夥人有決心和毅志，不辭千辛萬苦地一定要開採石油成功，大家夜以繼日、奮力不懈、無私無我地貢獻心力，克服了其中的一切困難，不但要降低成本，還要提高效率，共同承諾不成功絕不罷休，這種刻苦合作的精神，促成了開採的成功，也創造了財富。」

今天兩岸企業合作，正需要如開採石油的奮鬥精神：降低成本、提高效率、團隊力量、創造利潤，有此共同理念，才會有好的效果。

累積循環投資　人熟再添一寶

台商欲合作創業者，應以促進企業成長、創造利潤為要務，累積資金、技術、市場和經驗促進長遠發展，不可賺了錢就走、就花掉，因為企業人才也須長久培養，所以必須樣樣累積才能發揮更大的力量，繼續擴大事業，以創造更多的就業市場機會，間接穩定社會、創造繁榮。台商的資金潛力和海外市場冒險應變的能力，都是想要開發市場的企業家，不可或缺的寶藏。

大陸當地合夥創業者，應營造對企業有利的互利資源，並注重有能力、有操守，和有旺盛企圖心的人來參與合組新公司，不可因其個人的調派任期因素，導致企業存有急功近利的心態。企業應依經營法則循序發展，合夥人可能有國企、鄉鎮企業、民間個體企業等，其中不乏優秀的技術人員和幹練的市場業務人才，企業應充分了解當地的人脈地緣關係，必要時可發揮合縱連橫的人際關係效果，對企業乃是一大助益，所謂「人熟是一寶」，這也是企業發展中不可缺少的寶藏。（註一）

開發市場 不「競」則退

企業為市場需競爭，為競爭而找市場，而開發市場即是長期白熱化的競爭，唯有競爭才有生存的空間。市場是競爭出來的，從競爭中求進步，你不競爭別人要競爭，待別人競爭成功，就是你的落伍，早晚會被當地市場淘汰掉。

目前世界各國莫不重視市場競爭，因此國家也要營造有利的條件，幫助業者開創競爭力。企業和人都一樣要競爭，我們為了提升品質而競爭、為了降低成本而競爭、為了建立市場關係而競爭、為了建立銷售網而競爭、為了爭取信息而競爭，為了培訓人才而競爭，真是數不清的競爭，唯有競爭才能創造利潤。

政府立法表支持 企業賣命無怨尤

市場競爭要公平合理，所以企業追求競爭力時，社會需先建立基礎架構，也就是一定要有一個開放、法治、秩序的社會，這也是追求競爭力最基本的先決條件。公司內部也應重視經營管理和企業文化的精神，且在公司壯大了之後，自然更有其社會責任。

社會有賴於市場管理和法律保障，才能產生蓬勃的企業和優秀的企業家，這樣也才會加速一國的經貿發展。因此一國需要主管官署相關單位訂定完善適用的法令、規章配套，以利業者在面對瞬息萬變的市場時，於複雜的經營中能有所遵循、知所進退。企業經營不僅需要主管部門的大力支持，當然也希望政府能盡可能地設立制度化的窗口，提高行政效率，並公平、公正地提供管理與服務，如此自然可以促進企業的正常發展。企業開發市場是投資和冒險，如得到輔導和支持，業者就會賣命地開拓市場，創造經濟效益，當可促進整體經濟發展。（二〇〇〇年九月《中小企業白皮書》：據國貿局統計一九九九年兩岸雙邊貿易總額達兩百五十七億美元，台灣對大陸出口金額兩百一十二億美元，自大陸進口金額為四百五十億美元。）

註一：天下出版，《台商經驗——投資大陸現場報導》。

錦囊三十四、經營者從實務角度看市場新趨勢

從前經營者由接訂單、聯合業者負責加工和代工，創造出台灣中小企業快速成長、一帆風順的榮景；我們可從出口導向的外匯數字看出其發展趨勢。根據經濟部各個年份的《中小企業白皮書》統計，民國七十一年外銷總額兩百二十二億美元中，中小企業佔百分之六十九點八〇，創造了台灣的經濟奇蹟；但自近來國際化、自由化的快速來臨，可發現：（1）東南亞各國為求經濟發展，以廉價人工走入外銷市場，（2）以往小規模生產已無法得到大規模生產現代化設備的經濟利益，因此迄八十八年台灣外銷總額一千兩百二十億美元中，中小企業只佔五百九十五億美元，約為百分之四十八點七七，已逐年下降，對原有經營者衝擊最大。

家中坐時代已過　如今面臨轉型時

目前台灣產業發生變化，產品逐漸走向「低」勞力密集度、「高」資本密集度與「高」技術密集度，原來的經營工作之生存獲利率已日趨式微，它的上游產業有的已經

轉型改行，而技術導向者也必須轉換至陌生的市場，行銷找尋新客戶，增強競爭力、創造新市場，因為此時已經走到了成與敗的分水嶺，必須創新、轉型才會有新的局面。

過去業者生存的條件，只須在家中接接訂單，很少須注意到市場在哪裡？顧客有哪些人？因為這些都掌握在國內外進口商的手中，自己沒有銷售網和品牌，如今市場產生巨大變化，業者只好加倍地努力學習，以吸取市場經驗。

研發、創新、轉型　追求廣大市場

企業必須認真地追求實踐「研發、創新、轉型」六個最重要的字，其中含意非常深遠而實用，對業者幫助很大，可說與生存、發展密不可分，如聆聽企業有識之士詳加闡述，或自己深入研究其中道理，經營者將立刻恍然大悟；有了正確的方向，了解經營是組合工具，看到了前景和未來，當可邁向肥沃的自由市場，因此企業若能全面從事新的改造、重新出發，將是一個新生命的開始。

其實業者並不是不會轉型，而是沒有人告訴他們該如何轉型，所以只好繼續整天為了日常工作忙得團團轉，加上缺少了創新的頭腦，多停留在原有的行業中，守舊、不輕易改變、不會轉型創新、趕不上時代的變化，而導致成效日微，甚至降低在未來市場中的存活率。如此一來，公司一停頓、不創新，人才也會隨著老化，因此必須試著走出日落小格局。

中小企業反應快　靈活轉型是最愛

中小企業可發揮其特有的優勢和潛力，最重要的關鍵在於它們有彈性、自主及創業家精神，且中小企業決策迅速，不需要層層請示，遇到困難和問題可以立即反應出來，加以研究，得到解決。

國際化、自由化市場競爭的快速來臨是必然的現象，業者因應轉型諸事，必須苦心學習新的經營方式，去開發市場、作行銷，這比坐在家中的生產方式難多了，所以應善用天時、地利、人和等相關因素，並輔以人才、資金、行中求知，眼觀四面、耳聽八方，以求永續生存。

發揮中小特性　再創台灣奇蹟

台灣中小企業是經濟的主導力量，經營者全心投入，具有高度的應變能力，它的特性是有彈性、靈活、高效率，在相對優勢的條件下，可在最短時間內，順應市場整個經營與方向，掌握市場發展契機。

一九九八年初美國《財星雜誌》指出，在這波亞洲金融風暴下，台灣卻能擺脫金融危機，因此認為台灣這個以中小企業為主的經濟體，富有極佳的應變能力，各企業不但未接受國營銀行的巨額貸款資助，亦少見信用過度的擴張現象，是亞洲各國值得學習的對象。

中小企業自主性大，對市場變化可靈活地發揮高效率，這是大企業根本辦不到的，他們在極短的時間內就可以與業主或外商往來接軌，並習慣先提供服務，在取得對方信任後，再近而交易、建立友誼，因此非常珍惜與客戶的關係，希望彼此成為永久的朋友，雖然短期內也許用不著，但對今後的發展是一粒有用的棋子，一旦合作的機會來臨，即可創造利潤，所以不做急功近利而沒有立場的事。

組合活動　利人利己

企業是營利事業，以賺錢為目的，但是創造利潤便要承擔經營中的風險，如何能避凶化吉則須仰賴經營者的本領，但經營者一定要認清，企業經營是組合活動的團體，一筆生意的成功，須集合產銷雙方許多人的努力才會有結果，所以得顧及雙方的利益，才能產生經濟效益；換句話說，如果只會做生意而不會做人做事，便不會得到別人的幫助。

經營者一方面為公司建立良好的實績，一方面也希望能創造利潤，如此公司才能不但培養了市場希望，也有了利潤；有了利潤，也才有能力實施內部興革事項，如此在公司不斷的求發展下，員工福利才會有同等的保障，客戶對公司也才會有所期許。

擁有金玉其外 切莫敗絮其中

公司有了外表漂亮的硬體設備，更應重視企業文化，因為好的硬體設備只要有錢就可以買到，但好的企業文化非得靠大夥兒努力，一點一滴地累積不可。公司應有管理制度、有計畫、有目標，培養員工有積極負責態度、公司團隊精神，且重視市場和客戶需求，以至於開拓市場的能力。但不是只單單憑著人多、設備多就足夠，須培養真正有用的人，創造有效率的設備，並使公司成員能站在公司立場上，有著無私無我的事業心；相對地，公司也應有穩定的環境和創造力，讓員工能看到公司的前景和未來，這樣一來，便能努力地為公司奮鬥。

今日台灣社會的人才或大學畢業生有百分之九十五湧往企業界服務，也是因為大家認為企業界具啟發性，且前程似錦，因此吸引許多優秀的年輕人。

贏得顧客信賴　經營以小搏大

企業須不斷地吸取經驗，培養員工具有團體精神，並應強化管理、提高生產力，才能在市場上打勝仗。老一輩企業家以勤儉創業，老闆的薪傳訓練對員工至為有用，包含了產品專業知識、應變能力、對產銷雙方的做人做事道理，及日以繼夜的創業精神等；此外，企業中成員本身也應閱讀相關的書籍雜誌，吸收中外新知，或從客戶那裡體會經營上的各種困難，勇於接受客戶的要求與批評等，這些都是做生意不可缺少的。

有人會問：何以小規模的企業能做大生意呢？它究竟有什麼能耐呢？其實，生意大小與企業規模無關，主要是要有專業的能力和負責的態度，再加上顧客的信賴，這種造化有如特殊神功，啟發性說多大有多大。世界上許多生意是要靠中間商來完成，他們是產與銷的橋樑，可直接走入市場開疆闢土，去做行銷的工作，逐日累積應變能力，建立產銷雙方的人際關係，鞏固彼此的信賴感，因此只要有信用就可以小搏大，如日本商社、貿易商皆屬之，有著無窮的發展空間。

中小企業老闆宛若公司靈魂

中小企業領導人（老闆）的活力有如公司的馬達，無私無我的創業精神帶動了整個公司勇往直前，他們深知市場變動，悉心注重掌握未來，無懼於許多關鍵困難所帶來的迫切性，對客戶的要求擁有使命感，對成敗榮辱具有切身感，終日勤奮且有不眠不休的精神，深深影響著公司內的每一個人，使大家都能以一當十，發揮團隊精神，因此老闆在公司內是公認的靈魂。

公司老闆對外親自開發市場、拜訪客戶，遇到重要的銷售案，甚至自身前往客戶處洽談生意、開標、比價、議價，其技巧和經驗豐富，常能隨機應變，捷足先登；接洽生意總以勤勞不懈、和氣生財的方法，作利人利己的行銷活動，且能配合客戶需要而有工程技術、特殊物料的即時供應能力，適時解決客戶的困難，藉此建立人際關係，營造下次合作機會，創造共同語言。此外，因為中小企業非常重視前途及未來趨勢，且在簽訂合約後有履行合約法律責任，因此講信用是中小企業求發展的本錢，如此中小企業才可充分發揮所有能力。

正逢二十一世紀來臨，企業想要永續生存，就必須強化經營管理能力，藉由跨業互助交流，從而相互觀摩、吸收成長經驗，進而謀求實質的合作關係，實踐「同行不是冤家，異業可以為師」。

經營行銷並肩戰　未來老闆自養成

中小企業的員工因與老闆共同打拼作業，所以對公司內部決策、執行、管理、貨品專業知識、貨品來源、營造商機、創造利潤等的經營管理瞭若指掌，甚至由於每天全程參與在產銷之間接訂單、簽約、交貨、驗收、收帳，因此不但能吸收老闆精華，且有機會與客戶建立感情，其學習情況可說是一日千里。

在行銷市場中，中小企業員工也會參與研究開發市場企畫，並發掘客戶的問題，了解顧客的心聲、產品的前途、同業的變動，因此能深切地獲得商機。

在市場客戶方面，因為時時接觸客戶的各級人員，當可研判市場供求關係，在產銷雙方客戶不時要求、批評，甚而鞭策之下，包括管理上的建議、技術上的要求、做人方面的道理、生意上的訊息，若能發揮親和力，抓住機會好好表現，自然可以建立感情，正如同古語云：「近水樓台先得月」，贏得了客戶的心對業者的幫助將是不可限量。特別必須注意的是，與客戶上層接觸時，客戶會重視來人的氣質與個人聲望，因此具有笑臉的人都會有好的人緣收獲，這些得天獨厚的機會，是中小企業員工未來當老闆時的本錢，可能日後將會有青出於藍的表現，讓一些老闆望塵莫及。

中小企業的員工就發展性來看，其創業精神和機會比大企業的員工靈活得多，雖然大企業有完整的計畫和制度，但卻需要靠著整體組合力量來發揮，其個人所知道的片段就好像大機器上的螺絲釘一般，只有單一功能，缺乏市場創業能力。反之，中小企業成員經過千錘百鍊之後，都已培養成富有豐富實務經驗的人，且最可貴的是能獨立作業，處理公司客戶的生意，因此中小企業有很大的創業發展空間，可說是培養未來老闆的最佳搖籃。

第六章　企業文化薪傳

——累積傳承，綿延不絕

錦囊三十五、良好的企業文化是傳家寶

錦囊三十六、追求「顧客滿意」首重員工責任心和榮譽感

錦囊三十七、企業命運操在自己手中

錦囊三十八、兩代企業家的血淚傳承

錦囊三十九、台灣中小企業四十年發展史

錦囊四十、養精蓄銳—走自己路

錦囊三十五、良好的企業文化是傳家寶

經營事業須有企業文化與現代化結合，且必須不斷地努力和延續。據王雲五著《中國商業小史》查考，民國以前社會企業活動少，並無所謂「企業文化」名詞、「企業家」等字彙，其來源可算是現代老一輩的企業家以無私無我的創業精神，經過艱苦歷程而創造了工商企業，累積了寶貴經驗，這些企業文化的結晶，有具體的經營管理策略，值得我們學習參考，供經營者創造財富，貢獻社會。

文化如同內涵　企業各具其格

在台灣工商界研究企業文化最為深入者，要算是南陽企業集團董事長黃世惠，他以簡單易懂的比喻加以說明：「企業文化是由公司的歷史所累積，而產生出來的不同的企業品格，那是各個公司各自獨有的芳香，有如一個人的人格、風度、經驗等滲透到體外，讓人所感受的內涵與氣質。所以企業文化也就是一個企業賴以生存發展的精神支柱，沒有企業文化，企業只是一軀殼，沒有靈魂，也就不能有發展，所以企業文化對於

企業的經營是非常重要的。」（註一）

企業文化是在「經營管理」中創造出來的，以台灣最大的民營企業——台塑公司所稱的三點最為具體而實用，節錄如下：

一、人之奮鬥：必苦而後才會甘，因之追求舒適與快樂的代價就是要刻苦耐勞，當然刻苦耐勞是成功的重要基石，但它的推動力量，要靠用心與苦心的追求。

二、追根究柢：要窮追不捨，探究到它的本源，是經營任何企業所以能成功的重要法寶，「經營管理」成本分析，要追根究柢，分析到最後一點，台塑公司就是靠這一點吃飯。

三、管理是點點滴滴求其合理：人生就像跑步，須每天不斷練習，因為健康即財富；經營公司也是一樣的，管理不能一天停頓，要以冷靜的頭腦，控制健康的身體，合理運用。（註二）

交易成敗 繫乎一線間

談及企業形象，馬上讓人瞭解到要從最小的地方著手，不能從企業管理、產品行銷、活動廣告通路等地方進行，應從看似細枝末節的每天辦公室接聽電話開始，可能大老闆不會知道，但小小的一舉一動，很可能就是為企業加分或減分的真正因素。

主管應注意企業內一般同仁處理外界來電的態度與方式，這是企業予人的第一印象；短短幾句熱情的問候，可以讓人有賓至如歸、服務專業良好的印象。

企業的電話通話須力求表達清楚，口徑一致並有效傳達。一通來電很可能帶來一大筆生意，而您的企業是如何對待這些機會的？一筆交易的成功，需要許多人共同出力來完成，很明顯地可以反映出這個企業的整體面貌；要搞砸一筆生意，也很可能就是因為一通電話的漏接或是不當的電話應付，所以不能掉以輕心。

美麗糖衣不中用　企業內涵才可靠

企業的好與壞，不能僅看外表硬體設備，漂亮的廠房不能代表公司有前途，而人多如果沒有加以訓練，也只是烏合之眾；所以我們應重視其質與量，看它的結構是否健全、領導人是否內行、有否旺盛企圖心和領導能力、適用人才的多寡、員工團隊精神如何、有否良好的制度、公司有否經營目標、近年成長率高低……，這些企業文化代表了公司的活力和前途，也才是判斷公司優劣的根據，千萬不要被美麗的外表迷惑、欺騙。

企業的內涵重於外表，就好像醫院中病人前來門診，醫生只重視病人的內在病情如何，並不在意其外表漂亮與否；經診斷後，也許外表亮麗的病人反而病情較為嚴重，外觀不揚的病人說不定卻沒什麼大病。

散播企業文化結良緣 有賴員工建立好形象

企業應把公司的信譽、領導人聲望、公司作風、一貫政策、良好制度、公司產品優點、幫助客戶解決困難的實績等散播到市場客戶那裡，期能得到客戶的支持和信賴，進而謀取客戶合作和商機，且如能善用商機，使之成為合作的力量，當可創造利潤，這是公司不可缺少的無形資產。

損害企業形象的因素中，以人的因素要算最大，如態度不佳、沒有信用、不注重品質等。記得有一次筆者在台北市的馬路上，看到一家食品公司的廂型送貨車外表十分骯髒，心中油然生起「這裡面的食品能吃嗎？」的想法；又有一次，看到另家公司開車不僅闖紅燈，更將雨水濺到路人身上，而後飛快駛去……以上兩家皆屬知名企業，雖然該種行為看似小事，但卻使這兩家公司的企業文化立即受損，影響深遠。可見企業良好形象的建立有賴於公司同仁多年的共同努力，但形象的破壞，卻只要一、二人在短短時間內的小小行為就已足夠。

註一：季鴻著，《中國企業家名言》，南陽企業集團董事長黃世惠，一四九頁，書中說：「南陽的企業文化，就是服務顧客的文化。」

註二：台灣最大民營企業台塑公司說：「企業文化是從『經營管理』中創造出來的。」

錦囊三十六、追求「顧客滿意」首重員工責任心和榮譽感

一、二〇〇〇年六月日本最大的奶品製造商「雪印」公司發生牛奶中有細菌重大事件，受害人超過一萬四千人集體中毒事件，引起社會普遍重視，市價牛奶每瓶才日幣兩百元，竟能扳倒「雪印」百年老店。

其原因經檢查結果為遭金黃色葡萄菌污染，被檢出一克中含有〇點四奈克（十億分之一）之腸毒素，其細小疏忽釀成大禍。導至該公司所屬全日本有二十一家工廠停工一個多月，衛生機關追查責任，其北海道工廠已有發現染有細菌，遲遲未向公司當局反應，雪印公司之老化與欠缺危機管理延誤了解決時機，至使問題擴大，社長引咎辭職。

台北南僑公司總經理李堪文認為：「公司內部溝通不良，都是人的管理問題，必須深入檢討，強化人員素質管理，才能建立企業新形象。而從事食品工業一定要注重生產過程，全員嚴格把關衛生第一，消費者才有好的保障。工廠經營之興衰，必須要著重

「效果」與「效率」的追求。效果追求指的是目標，就好比開車要往北的方向，結果方向錯了，那麼再快的效率也無法達到目的。「做對的事情」就是追求效果，如果只是「把事情做對」，那是追求效率，但是反方向的追求效率永遠是無效，最差的就是「把錯的事情努力去做」。再從政策面與技術面的角度來看。政策面是否符合趨勢，掌握潮流方向，也就是確定是否有效果做對的事情，技術面則是檢視是否很有效率地執行，就是政策要明確，不可有模糊之處，缺乏效率。」

二、摘錄《e流企業》一〇三頁：在傳播無遠弗界的網路時代，顧客的力量比起從前，可謂有過之無不及，只要發現不實，顧客現在更可以透過網路揭穿、抵制。只要一個不滿意的顧客，就可損毀一家大公司的形象。

有一位日本消費者，不滿東芝公司員工輕蔑的服務態度，將其中的對話錄音在網路上播放，在短短半個月內，就有五百萬人在網路上流覽，對企業形象影響至大。東芝公司認為事態嚴重，決定由副社長出面向消費者致歉，在日本企業界是罕見的大事。

三、節錄《面對成功》七〇頁，培養員工增強責任感和榮譽感：有責任心與榮譽感的員工，在生產過程中，對品質不良的產品，會為了公司榮譽立刻加以改善，自動把品質管制做好。因為榮譽感與責任心已存於員工心中，工作人員不願傷害自己的自尊心；

而業務人員拜訪客戶時，會想到自己的一言一行關係著公司的榮譽，便不敢輕易犯錯、傷害公司。

錦囊三十七、企業命運操在自己手中

以前我國以農立國，一年四季的農作物靠天收成，什麼都由天命決定。反觀現代，生意人遇到不景氣及產品週期問題，經營環境產生自然變遷，經營者便不能仍死守著原有的行業，只知坐吃山空地徒呼命運不好，不知創新與研究發展；處於今日，唯有創新轉型、改善經營環境，才是改造命運的唯一途徑，經營者須憑智慧積極地開發市場，把命運操在自己手中。

筆者以前在大企業工作時，有個同仁喜歡看相書，但總是一知半解，卻每天找人看相以顯示其功力。有一天會計單位的一位小姐在玩笑中讓他看手相，這位半知手相的同事一看便說：「哎喲！你的手相不怎麼好，你的兒子會死在輪下！」這位小姐回家後說給公婆聽，從此全家迴避小兒子上馬路，出門時也始終抓著小孩的手不放，終日惶恐不安地以防萬一，這個莫須有無的放矢，對聽者心理影響深遠，實在害人不淺。

運好不怕歹命來磨　行中求知迎刃而解

所謂「好命」，係指你有足夠的資金買一部性能優越的進口車；但如要想安全開達目的地，就必須靠自己好好的駕駛，這也就是要靠「運」字。「運」就是運作，也就是好好地把車開到目的地，因此好命必須接合上好運才能發揮功能。假設高速公路上天候有好有壞，放假日車輛特多，當然途中事故頻繁難以掌握，這屬天時、地利，而自己的健康、情緒穩定與否，則屬於人和；雖然擁有進口車，但其車況好壞、水箱加水、輪胎打氣、途中交通規則等都屬於運作範疇，如運作不當發生事故，再好的名車也不能為你保命。

反之，假設某人擁有的是舊車一部，這雖然算他命不好，但在出發前，他卻仔細地檢查了引擎、油、水、電、輪胎，並小心的駕駛，頂多速度慢了些，可是一樣可以平安到達目的地。雖然車子（命）不好，但經過努力充分地做好行前準備，並好好的駕駛（運），自然可以改變所謂的命運，可以說車子保養好且能掌握路況，再加上行中求知的精神，命運當可掌握在自己的手中。

不景氣來莫怪人　爲客服務人爲先

其實不景氣都是人的問題所造成的；比如產品成本高卻賣不出去，背後的原因即是因為沒有人好好地管理，造成內部的浪費、進料價格高、製程不合理，卻不加以改進，忽略了實際成本是可以壓縮的東西。又如產品的品質不好以致沒有人要，便是因為沒有良好的企業文化、業務人員缺乏為客戶服務精神，加上客戶失去信心所導致的。

再如公司吃倒帳，則是因為公司業務人員的疏忽、眼光不雪亮、事先沒有做好徵信工作，或存著「賣出去就算了、不用積極收帳」的心態，使得公司發生吃倒帳的情況。

企業衰退有癥候　防患未然免覆亡

同樣的，企業倒閉也有其徵兆和原因；可能是因為公司不自量力，盲目地擴充投資，卻缺乏管理制度和得力幹部，以致無法產生經濟效益，因此順時則成功，逆時則全軍覆沒，只好戰戰兢兢地求生存，正如名言所云：「企業經營如同每天都在創業」。

最怕公司內有兩派人馬明爭暗鬥，以「互鬥不已」為樂，不願解散改組，直到拖至公司資產賠光為止。這種做法在日本是行不通的，因為日本公司若無法繼續經營下去，董事會改組，使公司結束後資產尚且存在，不會拖到結束時資產已耗竭或掏空了。有些公司的內部員工無視於公司的組織功能，在內部擅權、怠忽己職或利用公款謀取私利，加上公司缺乏監督制衡，主要如缺少內部管理、主管不務正業，主持人甚至可能私下投資其他事業如房地產，在慘遭套牢時拖垮公司。

企業之興衰其實早可看到趨勢，如能加以防範，充分把握每一個瞬間，就會有足夠的時間重整出發，使日後仍有發展機會可達成功之境。

錦囊三十八、兩代企業家的血淚傳承

台灣的中小企業大多由家族企業演變而來。早期的家族企業多半是權威領導，但上一代總能以身作則地勤儉苦幹，使下一代的家族小輩也會乖乖地跟著努力，這些早期的企業家與所謂的「經濟奇蹟」有絕對的關係，扮演著非常重要的角色。隨著時代變遷，社會經營空間日大，參與者眾，其經營理念必須走入大型化、合理化、多元化、自由化等途徑，因此在現代企業化下，公司多採健全的適任人事制度，力求與時代並進。

區分所有、經營　有利公司發展

家族企業如果具有適任發展的相當人才，能凝聚家族的力量共同管理，當然很好，否則應將企業的所有權與經營權分開，以利企業精神與制度的建立，所以現在的家族企業已經不可同日而語，會留下有能力的人在公司內盡情發揮，其他所需的人才則求助於外界奧援，聘請各界專業人士擔任，促進公司的快速發展。

許多股票上市公司在現代化的企業經營管理制度下營運，即使有所有權人在公司內工作，也是具有專業能力、能稱職工作的人才，並依公司的制度接受公平待遇，這對公司發展很少會造成阻礙。

靈魂與肢體 兩代企業家之別

台灣中華經濟研究院著名學者馬凱將兩代比喻為「堅強的靈魂與發達的肢體」，茲節錄如下：

一、人的來源不同：第一代企業家是市場選擇出來的，經過市場的考驗、磨鍊，證明其有能力在激烈的競爭環境中生存。至於企業家的第二代，則是父母親選擇出來的，是被迫接受的事實，並非經過市場試煉後產生的經營者。

二、事的無中生有：第一代企業家是無中生有，創始規模小，因此毋須刻意地討論組織、分工與授權的問題，他們的工作目標只有一個：要生存、要發展，到了第二代，情況則有顯著的差異。企業組織漸趨龐大，他們必須被迫借助各種管理專業人才來幫助自己進行管理、組織本身的建構、分工和授權，這也成為不可避免的工作。

三、生命與企業融合：第一代企業家的生命是和企業融合在一起的，他們凝聚全部的精神、力量於事業的開發上。第二代企業家則將企業視為上一代的要求，把它當作一種責任，而非自己的一部分。

馬凱先生最後表示：「一個企業能夠發展、能夠成功，除了需要企業的靈魂外，也需要它的肢體。第一代企業家或許在肢體的發展上未臻成熟，但卻有非常旺盛、堅強的靈魂；而第二代雖然肢體已達高度發展狀態，卻失掉了靈魂。希望新生代的企業家們能夠兼具堅強的靈魂和發達的肢體。」（註一）

建立切身化管理　培養接棒人無懼

一九八一年十月二十九日，王永慶在美國哥倫比亞大學對華僑演講時，有人問道：「請問在王董事長心目中，台灣塑膠公司是不是已經有了適任的接棒人選？」當時王永慶回答：「選擇接棒人，實際上是一件很重要而又困難的事情；但是話說回來，道理又很簡單。一般來說，如果企業管理合理化、事事明朗，就能訓練出可用之才，在這些人當中，自然可以選出適任的接棒人；否則的話，就不只是有無接棒人的問題，甚至連人才都會缺乏。

更重要的是，企業的管理制度能不能造成員工的切身感。有了這個良好的制度，人人就會努力奮鬥，培養出真正的力量，這個時候才會有突出的接棒人選。因此，對我來說，最應該關切的還不是目前有無接棒人選，而是有無能力造成具切身感的良好管理制度。」

交棒選賢或傳子？ 先進心中一把尺

對於企業主經營的公司將來如何交棒，企業界許多先進們確有不同的看法。目前台灣第一代傑出的企業家，都先後到了成功引退的時候，擺在眼前的是由什麼人來接棒的難題，少數開明的企業家會說：「在公司員工中找出適任的接棒人選。」但這算是理想吧！實際上即使企業家費盡心思都很難將之付諸實施。在我們東方文化中，愈是有企業文化的領導人，員工對他的領導威望和長期一起奮鬥而建立的深厚感情，已融合成企業的團隊精神，日久彼此自然產生了信賴和寄望，而這種內涵是牢不可破的。

以工作上推動為由，請專業經理人擔任領導或許可行，因為背後尚有老闆掌舵，但對整個企業來說，一下子便改託付某人領導，並不是那麼簡單的事，一定會造成公司內外極大的衝擊。所以選賢與傳子兩難，許多企業家面臨交棒前，便會徵詢公司內曾一起奮鬥的老臣們的意見，有些老幹部為求穩定寧可推崇少東，因為他們花畢生的心血為老闆貢獻，只有老闆知道，在主客觀的環境下認為也許順勢而為，可使賓主盡歡。

註一：馬凱在卓越書訊，第二十九期，第八頁，中舉出兩代企業家比較，特別精彩。

錦囊三十九、台灣中小企業四十年發展史

台灣中小企業的經濟發展，可分為四階段來說明：

農業經濟苦起步 拓展外銷活力足

一、萌芽期（一九四五至一九六二年）：

從日本殖民結束回歸我國至民國一九六二年間，台灣只有農業經濟，資金缺乏，技術全無，物價暴漲，外貿呈現嚴重赤字，平均每人每年國民生產毛額（GDP）在一百美元以下，物質欠缺，生活清苦，但卻擁有豐富勞動力。

二、高速成長期（一九六三至一九七三年）：

此階段開始拓展外銷，採取擴張政策，獎勵儲蓄投資，設立加工出口區、工業區，物價較為穩定；出口方面，美國每年成長百分之四十，法、德、加、英成長百分之三

十，最少的日本則成長百分之二十以下。此時全民創立了大小公司、工廠，憑著所累積的經驗來擴張，非常有活力。

跨越石油危機　交出亮麗成績

三、動盪成長期（一九七四至一九八二年）：

一九八一年，經過二十年來的經濟發展，呈現出勞工不足、工資上漲的情況，開始推動發展工業原料與零組件、半成品，並發展資本密集產業、石化工業、機械業、電子業，中小企業面臨轉型，且石油危機造成國際經濟不景氣，企業經營受到高度動盪。

四、轉型期（一九八三至今）：

一九八四年中，有二十多項傳統工業產品如自行車、網球拍、雨傘、鞋類、電扇、馬達等產品的單位生產量奪得世界第一位，中小企業外銷突破落後國家經濟發展的三大缺口：儲蓄、外匯、競爭力。每年年生產毛額由一九五二年的一百美元，提升至一九九一年的八千八百一十五美元；出口則爬升到七百六十六億美元，名列世界貿易第十二名，迄今進出口貿易更達兩千多億美元。

家族企業苦幹 衝刺自由市場

台灣老一輩同胞在日本人的統治之下，經歷各種困苦，已養成生活簡樸、勤奮不懈的美德，對於台灣今後的經濟發展、開創事業有很深遠的啟示。一九七〇年代時，在台北市郊區就可以看見許多的小工廠，在光線黑暗的簡陋屋內，祖孫三代穿著拖鞋、背心、短褲或打著赤膊，日夜不休地做著加工，縱使全身髒污不堪，小輩們仍乖乖地一起清苦幹活，沒有電視看，沒有可樂喝，百分之九十八的人只受過小學教育，甚或根本不識一個大字；老一輩會講閩南語、日語，卻不會說國語，終年勤奮，不敢奢侈浪費，加上時正處戒嚴時期，人們不能出國，社會嚴肅而純樸踏實，賺來的錢都再投資生產或儲蓄累積。

當時自由市場的機能運作，多是為外國商人加工、代工、製造，但中國人以旺盛的企圖心及勇於創業的企業精神，促成企業積極地從事競爭，整個社會的資源則隨著競爭程度的提升，在國際市場上有著相當的競爭力，人人皆準備當老闆。

勤儉傳承　勞力當家

其實民營企業大都是家族企業，在台灣光復後，老一輩由於吃過日本人的苦，深知只有埋頭苦幹，年輕一輩才會有好的生活，因此老一輩即使已經七、八十歲，也仍舊夜以繼日地帶頭努力，帶動小輩創造生產力；他們一天工作長達十多個小時，毫無星期天可言，如此數十年如一日，不但獲得了金錢的積累，當然經驗的積累亦是十分珍貴。反觀現代有些年輕人，雖擁有較高的學歷，卻不一定肯為創業吃苦，只知貪圖享受。

為了解決台灣大量的勞動力，當時充沛的人力資源都用於外銷創匯；且因為當時台灣社會生活單純、花費很小，因此那時的年輕人也都荷包空空，當家了三十年，至今成為老一輩，仍只懂得賺錢、不會花費。

中小企業富彈性　屢敗屢戰不怕難

中小企業的「彈性」是其特質之一，當經濟環境適合某一類型之中小企業生存時，該類企業即會快速地出現；若經濟環境有所轉變，這些中小企業由於規模小，轉變容易，很快地又可朝向更適合發展的方向調整，甚至結束營業，再以新公司出現。

中小企業的特質包括：

一、高度的出口導向：加工、製造、運銷、互補互助的經濟型態，出口為主。

二、高度的變動能力：歷經中東戰爭所導致的油價暴漲危機、匯率變動衝擊，中小企業面臨不斷地挑戰，已學習並累積了不少應變能力。

三、旺盛的企業精神：它們工作時間長、積極拓展業務，並多能冒險犯難地至海外推銷產品，即使遭遇挫折或失敗，也能再接再勵地重新創造企業。

四、分散風險較易：一旦遇到困難，通常很快地改弦更張，使風險降至最低。

短小精幹　功不可沒

台灣中小企業對經濟發展貢獻卓越，可區分如下：

對產業成長之貢獻：台灣中小企業共有一百〇六萬〇七百三十八家，約佔全台企業的百分之九十七點七三（註一），具有短小精幹的特性，不但在我國經濟發展中佔有主導地位，在國際市場亦能充分發揮競爭效力，對創造就業，和穩定社會基層之貢獻，實在功不可沒，中小企業成立十分多元化，有的來自土地，有的來自儲蓄存款，且成員也來自社會各個不同的階層，靠著自己的雙手及頭腦，成為邁向均富的動力，並隨著經濟發展誕生新的階層，而新階層也同樣必須靠著自己的努力，才能在激烈的競爭下不被淘汰。中小企業的成員，也是「中產階級」的主要構成份子，無形中使社會的財富資源平均分布，所以中小企業對社會基層有相當程度的貢獻。

規模化加人性化　掌握先機占優勢

不論先進國家、開發中國家，在經濟發展上，以美國、日本而言，中小企業之比重大致在百分之九十九家左右，台灣過去經濟的蓬勃發展與中小企業的飛躍成長亦有很密切的關係。中小企業規模小，勞力學習能力高，勞資關係和諧，且小規模的生產方式形成了分工網路，可把成本儘可能地降到最低，因此中小企業可說是符合最具規模與人性化管理原則。

中小企業主要的競爭優勢，就是彈性極大、具靈活性，且效率高，可以在最短的時間內，順應國際市場的變化而迅速調整，並供應最低成本的商品，因而能掌握市場的契機，獲得源源不絕的訂單。

大規模經濟所逼　仰賴轉型來破解

過去以廉價勞力為主而投入的加工出口業，逐漸地失去了成長上的優勢，因此自然地向資本、技術密集度更高的產業轉移，因為資本密集度較高的產業，生產技術具體表現於所使用的資本設備之中，而且在一定的範圍內，價位愈高的設備，通常也代表著效率愈高的生產技術，明顯地表現出大規模經濟利益的現象，因此必須企業本身從事成本高而效率慢的研究發展工作。中小企業不論產量、人才、資金，已達無法有效競爭的情況，是以「企業轉型」成為企業的當務之急。詳閱「第五章——創新與轉型」。

促成相互合作 強化企業體質

在協助中小企業相互合作方面，政府已明定”中小企業發展條例“，以強化中小企業經營體質，提升產業在國際市場上的競爭力。包括以下數項：

一、業界垂直合併及中小衛星工廠制度之建立與推廣。

二、業界水平合併及聯合產銷制度之建立與推廣。

三、互助基金或合作事業。

四、技術合作與共同技術之開發。

五、共同設備之購買。

六、行銷據點之建立。

註一：二〇〇〇年八月，《中小企業白皮書》。

錦囊四十、養精蓄銳──走自己的路

商機是創業家動腦筋、用心思、和方法追求來的。現在知識經濟興起，啟發了經營者的腦力，促進企業經營快速學習成長。我們的中小企業有它的創業精神和分工體系，是世界上罕見的優勢，具有民生和基礎工業，非常踏實的廣大存活率，應進一步利用資訊強化競爭力。

知識經濟有助利基開發 適應景氣積極創新重要

筆者去年九月（二〇〇〇年）一次難得的機會拜會全球華人競爭力基金會董事長石滋宜，承他指出：「知識經濟，最簡單的說法就是利用資訊去創造利潤」。又今年三月間在亞太會館「以知識激發台灣經濟─座談會」，在會中聆聽有中華民國中小企業協會理事長戴勝通他說：「中小企業的網路要考慮許多行業適應性，應先從電子來管理著手，再延伸到行銷，中小企業目前仍應著重管理，搞好利基最為重要。」據數位貿易董事長周白雲說：「經營要把自己的客戶找出來，不是我們的客戶也要挖出來，能瞭解客戶的需要，應提供務實的服務」。

當景氣整體不好時，我們的企業最佳對策是養精蓄銳，打造利基，自我學習與時代並進，從變化中找出可行的策略，為何中小企業有啟發性呢？因為事業一旦與市場結合，它的發展空間無限地大，企業如一棵健康的大樹，是老幹新枝綠葉蔭蔭。我們的企業文化傳承，就是老幹充滿了利基和存活率，結合現代人的頭腦「創業精神」無往不利，現在經營中有許多要做的事，都是企業打造利基最佳時機。

中小企業現在要做的事：

一、公司原有隱藏的老問題，公司內結構不良易生派系互鬥不已，虛耗公司的元氣，生產力降低，公司日久不創新漸入老化，如冗員多，開支浪費，易受景氣衝擊，財務不振是許多公司通病，庫存品積壓資金，應收帳款不積極致無法收回，人才和賞金短缺經營無力，無法搭營業快車，都應抓緊時間檢討，對症下藥衝出困境，重組經營團對開發市場。

二、不景氣下公司經營的對策，養精蓄銳積極創新不是指產品單項創新，凡是公司內外、管理、業務、技術，能提升生產力者皆是。開發腦力研究創新，用思考運用策略，深入產銷研究供求關係，公司升級轉型都要強大合作力量，如開發中案件追蹤管理等，不勝枚舉，都要有新的作為、新的氣象。

創業精神如肥沃園地 高科技公司開花結果

天下文化出版「@趨勢」全球第一Internet防毒公司創業傳奇，內容描述張明正、陳怡蓁夫婦從無到有的精彩過程，是從創業、科技、商業十一年來的智慧結晶。

趨勢公司董事長張明正，在美國賓州裡海大學取得電腦碩士後，與太太也是最親密戰友陳怡蓁共同創業。當時他心中只有創業期許，先後輾轉投入美、臺兩地數家小軟體公司擔任工程師工作，目的在取得與老闆共事的機會，可以學得多、看得廣。他自十六年前從事軟體業務工作後從未間斷，從中他體驗到懂得了業務優勢、公司視界和市場通路，並瞭解客戶與市場需求，才有機會創造商機，而最後他要回到台灣自己的土壤中去生根。回台後，惠普公司的工作經驗又給了他待人處事的訓練，對他後來的人生歷練助益良多。當時他負責的是HP3000電腦系統業務工作，銷售奔走台灣南部製造業，銷售則到處碰壁，與對手IBM拼個你死我活，深深地體會到做生意中有許多做人做事的道理，其間有著不可分割的關係。

一九九八年八月十八日趨勢科技股票在日本申請正式上市，是台灣軟體第一家公司，與日本最大軟體銀行合作，股票預定售價每股四千三百日圓，竟料不到當日每股漲到了八千三百元，預售數量兩百五十萬股，求購者法人、個人有五千七百筆，高達兩億二千萬股，供不應求，只有百分之一的中籤率，為日本史上最高紀錄，當時市價十二億美元，本益比一百，是亞洲市值最高的軟體公司，在世界軟體市場舉足輕重。

筆者研究其開發成功主要歸納三點供讀者參考：

一、本身歷練創業精神，先期養成苦底子有十六年業務經驗，得到了企業文化的傳承，深知市場供求關係，小公司創業存活率強。

二、研發電腦防毒成功，趨勢公司為電腦界病毒提供世界性防毒服務。

三、開發市場商業眼光，爭取到世界級大公司英特爾訂單，知名度一夕出名，業績大幅成長，又有尖銳的商業眼光，與日本軟體銀行合作開發了股票上市，一舉成功。

管理是綱利基是目　不信將是焦頭爛額

據九〇年五月十四日聯合報刊載：「台北縣汐止新台五路東方科學園區大火，從十二日凌晨四時傳出火警，至十三日晚上火勢延燒了四十個小時，災情慘重。該園區為品字狀A、B、C三棟共有四萬五千平方公尺的樓地板面積，內有三百四十九家各類高科技公司總部在此，救火雲梯只能到二十二層，火勢燒至二十五、六層。消房署陳報災情『為特殊重大災害』，許多高科技公司付之一炬，事後有關當局、各相關單位檢討，原根是『管理問題』一一浮現，如早能重視管理問題，就不會有此重大火災。」從大火這個例子可見無時無刻沒有「管理」就沒有明天，企業經營者更要重視「管理」才會有利基。

後記

一、促成我寫書的意願與使命感：

1、追溯二十多年前筆者創立長鉅公司初期的「創業精神」，其實當今企業界不分大小都也非常珍惜其原有的「創業精神」，想加以發揚，以做為今後創新的動力。回憶那個時代，台灣工商業正逢興起，大家都認為企業有寬廣的空間，當時我個人也有強烈的企圖心蓄勢待發，想在新興的商場中突破自我以求發展，但所接觸的客戶卻存有疑慮，深怕我做生意僅是短暫的玩票性質；其實我是本著誠心正意來經營，只是我雖然在大企業中服務十多年且成績優良，但對創立一個小公司要獨當一面地開發市場，並沒有一點歷練，如同盲人騎馬般困難重重。

2、在開發市場的旅途中，我不時也會靜下來檢討，有感於教徒們手中總有經書可供困惑時檢閱，我們經營者也應有一本好書供作參考，使創業者的努力事半功倍。我妄想著有一天能累積一些實際經驗，並把它貢獻出來；只是現在才了解到有了經驗是一回事，怎樣用文字有條理、通俗實用且具前瞻性地把它表達出來，又是另一個須待克服的難題，而唯有著作才能產生能與讀者溝通營造共同的語言，經驗也才能使讀者受用。

3、創業初期若有人加以輔導，最為可貴。很幸運地，我得到了同業好友中日合作的公司負責人徐譁聯，和經營貿易公司的負責人徐明武他們二人以正派的經營和熱心相助，對我至今而後有著非常大的啟示；前者為工程技術現場管理能手，後者則與國內外市場建立行銷客戶與貨源，促進產銷橋樑並完成交易的本領，都是能幹且能獨當一面的企業經理人才，且這些也都是我渴望追求的高難度目標。回憶起我們併肩合作開發市場的日子裡，累積了相當多對各大公民營企業的開拓市場經驗，以及專業知識和技術服務各層面，使得在拜訪客戶的過程中能提出增進經濟效益的建議與解決困難的方法，深獲客戶信任，也可以見得他們確是營造商機的高手。當時我們常在產銷之間活動，對我而言，這樣直接的學習和歷練，如同一個人服下大補丸後，產生全身是勁的感覺，所以即使夜以繼日地工作，也從不覺得辛苦，因為這是無法用金錢買到的；這二位徐先生實在是我創業中的良師益友，令人難忘。

二、寫書的感想和心得：

1、本書之著作：我深知自己寫作的根基不足，要將實際經驗變成經營管理的好書，深怕有所困難，因此決定參考更多的工商管理名著，研究其精華所在以擴展現代視野，並深入體會融會貫通，如此才會有信心下筆。我走訪了台北市各大書店、圖書館，以寫一本市面上尚沒有的「企業經營最具經驗與實用性的好書」為目標，花費多年虛心學習、專心研究。

2、經驗是講究做事的方法，乃商場中最需要追求和累積、企業管理中之實務。許多經驗是業者從經營的艱苦歷程中吸取的結晶，因此要想生意做得好，生意中有許多管理的知識充滿了做人做事的道理，須逐步累積經驗，這從許多真實個案的小故事中便能發現。作者必須研讀前輩企業家的薪傳和名家著作，以吸取大量的精華，並細嚼慢嚥地把它消化，再加上個人特質的經驗——中小企業發展的思維，所以應以「行中求知」的精神持續地學習，才能在學習中成長。

3、我深深覺得生意人的能力最可貴之處乃能在市場中創造商機，現代企業講究一切為市場而競爭，唯有競爭才能有長足的進步，在行銷中也才有希望找到好市場與好客戶。我國生意人有固有的「勤儉」美德，和現代的經營頭腦結合，如此即可創造前景亮麗的企業。我曾經有著買方工作的經驗和立場，創業之後並有業者行銷的歷練；前者以企業內部需求為目的（著重市場行情供求關係），後者則是公司為求營生須對外競爭（有客觀的利人利己做法，其難度較高），這些累積多年的經驗都是我寫書的心得。

三、閱讀好書如同在銀行存款：

1、人的頭腦確是一個大銀行：在時代巨輪快速前進的同時，所學的知識若能存入頭腦銀行，在需要時再隨時取出使用，不僅不會變成空頭支票，還會價值連城。經營者吸收新知與求取經驗是分不開的，如因日常工作繁忙而忽略閱讀好書，無意中放棄了求知的機會，是非常可惜的事，當日子過得愈久，愈如同切斷了企業求生存的養分。筆者有位商界朋友，每逢中外舉辦機械相關專業展覽會，他一定會設法參觀，並不惜花費大把的金錢搜購相關好書及產品說明等資料，待回台後再詳加研究其性能、成本、交貨日期、貨源等經濟價值，希望能將時代進步的新產品結合國內市場需要。他認為所花費的每一塊錢，都是公司求發展的有利投資，正因為他較同業寬廣的經營視野，遇到客戶的投資或擴建計畫時，便可先期提供改進成本、提高生產力的方法和資料等服務，無形中搶先獲得第一手的商機，一旦獲得客戶的認同，則無往不利。

2、中小企業須是十項全能：在開發市場上具備了許多專業獨特的競爭力、創造了精美產品和卓越表現，及與大企業開發和支援的關係相當密切，服務，都須在很短的時間內應客戶要求來提供適時、適量、合乎規格的不論物料和工程技術服務，這也正是中小企業展現能力、建立信用的好機會，能掌時空就是中小企業生存的本領，所以中小企業啟發性和貢獻也最大。

3、有豐富的研究環境：記得好多年前，筆者在逛書店時買了一本哈佛的「行銷理論與策略」，這是本大部頭的好書，重達三公斤，公司同仁看見不禁笑我：「你不怕把頭髮弄白？」想不到這本書日後對我卻十分有幫助，並從此激發了我今後對經營管理的學習之心。至一九九四年在台北與卓越管理雜誌合作出版拙作《面對成功》一書，之後並受邀參加該社年終尾牙聚餐，當時承總編輯劉建林兄告知：「卓越雜誌是管理學會所創辦的，迄今已有十多年歷史，該社先後出版了近百本工商界管理好書，都是中外管理界名人所著。」並好意地將各著作裝箱致贈予我，令我油然產生「因書而富」之感。

4、中小企業經營管理的工具書，內容要求自然較高，其中包括了企業文化的發揚、經營理念的結晶、經驗與實務之探討，所以應注意「根正，苗才會壯」，並在「處處是教室」的開發市場中學而知之，才能使本書在各個不同的單元並組成一整體性，且力求精緻而實用，因此即使寫書人擁有實地經驗，也會深感不足（註一）。

四、求知和實務是經驗的來源：

人的求知應如飢渴一樣。我也常常重視力行哲學，即「能知必能行，不知亦能行」，貴在「行中求知」，如此才能使本書切中經營者時代之需要，除前面自序中提到諸位先進先生、小姐外，特走訪了若干工商界好友他們的心聲，都有很好的指教。其中有南僑公司總經理李勘文、隴西洗衣連瑣公司董事長李文恭等，並提供寬廣的見解和看法，謹向他們表示致謝！及小女高台茜(國立東華大學教育研究所副教授)協助文稿整理工作。就好像必須持續在灶燒滾水中不斷地投入雞塊，最後才能使開水變成湯，才有機會將此書貢獻諸位讀者參考。

註一：在經濟部中小企業處全球資訊網http://www.moeasmea.gov.tw/index.asp可以獲得許多教育訓練相關資訊。

國家圖書館出版品預行編目資料

創業成功法則：經營中小企業必讀的40個錦囊／高餘三著. -- 初版. -- 台北縣新店市 ： 高談文化, 2001【民90】
面； 公分
ISBN 957-0443-26-X（平裝）

1.創業 2.中小企業-管理 3.成功法

494.1 90010910

2001年07月 初版
作　　者：高餘三
發 行 人：賴任辰
社　　長：許麗雯
總 編 輯：許麗雯
編　　輯：劉綺文
美　　編：徐慧紋
行 銷 部：楊伯江 朱慧娟
出版發行：高談文化事業有限公司
編 輯 部：台北縣新店市寶橋路235巷131號2樓之1
電　　話：(02)8919-1535
傳　　真：(02)8919-1364
E-Mail ：c9728@ms16.hinet.net
印　　製：久裕印刷事業股份有限公司
行政院新聞局出版事業登記證局版臺省業字第890號

創業成功法則－－經營中小企業必讀的40個錦囊
定　　價：新台幣260元整
郵撥帳號：19282592 高談文化事業有限公司